Aktuelle Doku

Herausgegeben von Professor Dr. Ir

Die Neue Linke

Zusammengestellt von

Peter Pulte

1973

Walter de Gruyter · Berlin · Nev

VORWORT

Bei der Vielzahl von Veröffentlichungen, die in den letzten Jahren über die „Neue Linke“ erschienen sind, fehlt bis heute eine Sammlung der wichtigsten Erklärungen, Stellungnahmen und Programme, die bislang von den einzelnen Gruppierungen der „Neuen Linken“ herausgegeben wurden. Diese Lücke soll die vorliegende Dokumentation schließen helfen.

Unter der Bezeichnung „Neue Linke“ wurden in dieser Sammlung all jene linksradikalen Gruppen aufgenommen, die nach 1960 entstanden sind, darunter auch solche, die nicht ohne weiteres diesem Begriff zuzuordnen sind. Um dem Leser die Möglichkeit zu geben, sich auch über diese Gruppen ein Urteil zu bilden, wurden auch von ihnen grundsätzliche Stellungnahmen mitaufgenommen.

Die Vielfalt der Gruppierungen — in der Bundesrepublik zählt man gegenwärtig etwa 500 Organisationen zur „Neuen Linken“ — macht es unmöglich, die Programme und Stellungnahmen sämtlicher Gruppen in diese Dokumentation aufzunehmen. Es wurde aber versucht, für die Hauptströmungen — orthodoxe Kommunisten, Trotzkisten, Maoisten und Anarchisten — beispielhafte programmatische Aussagen zusammenzutragen, wobei teilweise die Zuordnung der einzelnen Gruppierungen zu den Hauptströmungen äußerst problematisch ist.

Eine Reihe von Organisationen zeigt in sich so viele Momente der unterschiedlichsten Hauptströmungen, daß eine genaue Klassifizierung in dieser Sammlung unterlassen wurde, um subjektive Wertungen möglichst auszuschalten.

Es wäre reizvoll, gelegentlich die Entwicklung der „Neuen Linken“ sowie die sachlichen, organisatorischen und personellen Zusammenhänge zwischen den einzelnen Gruppen darzustellen. Ebenso fehlt noch eine Sammlung der Äußerungen der „Neuen

Linken“ zu spezifischen politischen Problemen, etwa zur Wehrdienstverweigerung oder zum Vietnamkrieg.

Auf ein detailliertes Vorwort soll hier verzichtet werden. Diese Sammlung soll für sich sprechen und lediglich dazu dienen, eine Zusammenfassung der wesentlichen programmatischen Aussagen zu liefern und damit das Material für eine sachlichere Diskussion über das Phänomen „Neue Linke“ zu geben.

Essen, im Juli 1973 *P. P.*

Inhalt

B. PROGRAMME, STELLUNGNAHMEN, ERKLÄRUNGEN

1. Aktionsprogramm der Sozialistischen Deutschen Arbeiterjugend (SDAJ) vom 4.—5. Mai 1968

Die Bundesrepublik ist eine moderne, hochentwickelte Industriemacht. Sie könnte der arbeitenden und lernenden Jugend eine gesicherte Zukunft bieten, wäre sie nicht ein Land voller Widersprüche.

Junge Arbeiter, Angestellte und Techniker sollen Automaten und Computer lernen bedienen, aber auf dem Lande gibt es noch immer Zwergschulen.

In den großen Betrieben sind moderne Lehrwerkstätten, aber die Lehrausbildung ist vielerorts total veraltet.

Riesige Steuersummen werden für die Rüstung und eine Staatsbürokratie verpulvert, aber der Bildungsnotstand ist beispiellos.

Die Kapitalisten machen Milliardengewinne; Arbeitsplätze und beruflicher Aufstieg sind unsicher.

Die jungen Arbeiter, Angestellten und Studenten sind mündig für die Arbeit und den Wehrdienst; sie haben nicht das Recht auf Mitbestimmung im Betrieb, in der Wirtschaft und in der Politik.

Demokratische Rechte werden im Grundgesetz proklamiert und an den Schulen gelehrt; die autoritär herrschende Regierung und ein Parteienkartell aber mißbrauchen politische Macht.

Der Neonazismus breitet sich erschreckend aus, wird durch die Politik der regierenden Parteien gefördert. Die junge demokratische Opposition jedoch wird verleumdet und unterdrückt.

Über Frieden und Gewaltverzicht wird schön geredet, die Regierung unterstützt aber den schmutzigen Vietnamkrieg der USA und rüstet die Bundeswehr für einen Krieg.

Die gesellschaftlichen Verhältnisse schreien gerade nach grundlegenden Reformen aber geändert wird nichts.

Ein beachtlicher Teil der arbeitenden und lernenden Jugend ist nicht länger bereit, sich mit solchen Gegensätzen abzufinden.

Auch wir weigern uns, uns in einer Gesellschaft einzurichten, in der Wenigen viel und Vielen wenig gehört.

Wir schaffen große Werte, erhalten aber nur einen Teil der Früchte unserer Arbeit.

Den weitaus größten eignen sich andere an: Die Herren der Großindustrie und der Großbanken. Diese kleine Gruppe hat die wirtschaftliche und damit auch die politische Macht in den Händen. Sie besitzen Produktionsmittel oder verfügen darüber. Sie monopolisieren die öffentliche Meinungsbildung. Sie beherrschen den Staat und die Gesellschaft. Sie bestimmen den gefährlichen Rechtskurs der derzeitigen Regierung. Sie steuern eine militaristische Gewaltpolitik und die Errichtung einer Notstandsdiktatur.

Die verschärfte Ausbeutung der Arbeiter durch das Großkapital, die soziale Unsicherheit, verstärkte Arbeitshetze, erhöhte Unfallquoten, immer wiederkehrende Kurzarbeit und Arbeitslosigkeit, ungerechte Freisetzung durch Automation zeigen: Wir leben nicht in einem Sozialstaat, sondern in einem Staat der Klassengegensätze. Die kapitalistische Ordnung der Ausbeutung und Unterdrückung, der Kriege und Krisen, kann der Jugend keine sichere Zukunft bieten.

Die Unternehmerpartei CDU/CSU trägt für die Wiederherstellung der großkapitalistischen Besitz- und Machtverhältnisse die Verantwortung. Sie war und ist es, die mit ihrer autoritären und kriegsgefährlichen Politik dem Neonazismus den Weg bereitet.

Die SPD-Führung hat enttäuscht, sie hat versagt. Sie hat sich durch die Politik der Gemeinsamkeit und der Preisgabe sozialistischer Ziele in einen scharfen Gegensatz zur arbeitenden und studentischen Jugend, ja selbst von den von ihr beeinflußten Jugendorganisationen gesetzt.

Die unüberbrückbaren Widersprüche zwischen den Herrschenden und der arbeitenden und lernenden Jugend sind offen zu Tage getreten.

Arbeitende und lernende Jugend sieht sich zum selbständigen politischen Handeln herausgefordert. Junge Arbeiter und Angestellte, Schüler und Studenten, junge Landarbeiter und Bauern fragen nach Modellen und Wegen zur sozialen und demokratischen Erneuerung von Staat und Gesellschaft.

Die Interessen der Jugend konsequent zu vertreten — für die nahe Zukunft und für das Jahr 2000 vorzusorgen — das erfordert eine auf der Grundlage des wissenschaftlichen Sozialismus entwickelte Politik für die Jugend. Das erfordert eine starke marxistische Jugendorganisation.

Wir wollen eine gesicherte Zukunft. Wir sind für eine sozialistische Gesellschaftsordnung. Sie kann nur verwirklicht werden, wenn sich die Mehrheit der arbeitenden Menschen für die sozialistische Umgestaltung entscheidet.

Als junge Sozialisten und Demokraten führen wir unseren Kampf auf dem Boden des Grundgesetzes und erstreben eine umfassende Demokratisierung der Gesellschaft. Wir kämpfen gegen Militarismus und Kriegsvorbereitungen und für eine Welt des Friedens und der freundschaftlichen Beziehungen zwischen allen Völkern.

Soziale Sicherheit, Nutzung der wissenschaftlich-technischen Revolution für alle arbeitenden Menschen, eine Bildungs- und Hochschulreform mit Chancengleichheit für alle, Erziehung im Sinne des Friedens und der Humanität, der Völkerverständigung und des wissenschaftlichen und des gesellschaftlichen Fortschritts — das sind Forderungen für eine bessere Zukunft.

Sie können nur durchgesetzt werden durch die Aktionen und Bewegungen für eine Änderung des politischen Kurses, für grundsätzliche, demokratische Reformen der gegenwärtigen Machtverhältnisse.

Deshalb fordern wir:

I. Soziale Sicherheit und beruflichen Aufstieg

Die arbeitende Jugend darf nicht länger Objekt sozialer Willkür bleiben. In einer Ordnung, in der der Gegensatz zwischen Kapital und Arbeit herrscht, die Gewinnsucht der Millionäre und Rüstungsindustriellen vor sozialer Besserstellung stehen, haben die Jungarbeiter nur soviel soziale Rechte, wie sie sich in Betrieben und durch ihr Auftreten in der Öffentlichkeit erringen.

— Wir fordern gleichen Lohn für gleiche Arbeit, ohne Unterscheidung nach Alter und Geschlecht.
— Wir sind für die Umänderung der Erziehungsbeihilfen in eine prozentual vom Effektivlohn der Facharbeiter errechneten Lehrlingsentlohnung. Wir fordern im ersten Lehrjahr 30 Prozent, im zweiten Lehrjahr 50 Prozent und im dritten und vierten Lehrjahr 90 Prozent des Facharbeiter-Effektivlohnes.
— Es ist ein Mindesturlaub von 24 bezahlten Arbeitstagen für Jugendliche bis zu 21 Jahren bzw. alle in der Ausbildung stehenden Jugendlichen zu gewähren.
— Die Jugendvertretungen in den Betrieben müssen durch Kündigungsschutz gesichert, der Kündigungsschutz auf alle Jugendlichen bis zum 21. Lebensjahr ausgedehnt werden.
— Das Jugendarbeitsschutzgesetz muß den heutigen Bedingungen gemäß erneuert und seine strikte Einhaltung durch eine wirksame Kontrolle gesichert werden.
— Die Mitbestimmung der Jugendvertretung in allen betrieblichen Fragen muß garantiert werden.

Die Verwirklichung solcher sozialer Rechte bedarf der Unterstützung der Gewerkschaften und der politischen Interessenvertretungen der Arbeiterschaft. Die Arbeiterjugend ihrerseits muß teilhaben an den Bewegungen für Vollbeschäftigung, eine aktive Lohnpolitik, die Verankerung des Rechts auf Arbeit im Grundgesetz, die Rechenschafts- und Informationspflicht vor den Belegschaften durch die Arbeitervertreter. Sie muß sich die Forderung nach Mitbestimmung und der Überführung von Schlüsselindustrie in Gemeineigentum zu eigen machen.

II. Ein demokratisches und auf die Zukunft gerichtetes Bildungssystem

In einer klassengespaltenen und von Profitinteressen beherrschten Gesellschaft sind Inhalt und Struktur des Bildungssystems weder demokratisch, noch genügen sie den Erfordernissen eines hochtechnisierten Industriestaates.

Im Zeitalter der wissenschaftlich-technischen Revolution wird die Wissenschaft immer mehr zu einer Produktivkraft. Die Ausbildung muß den Erfordernissen dieser ständig fortschreitenden Entwicklung genügen.

Ein modernes Bildungssystem ist eine wesentliche Voraussetzung zur Meisterung der Zukunft.

— Wir fordern ein einheitliches Berufsausbildungsgesetz. Dazu gehören eine breite Grundlagenausbildung, zwei Berufsschultage an bezahlten Arbeitstagen mit 15 Stunden und vielfältige berufliche Einsatzmöglichkeiten und Einrichtungen überbetrieblicher Lehrwerkstätten. Das Gesetz muß dem Stand der gesellschaftlichen und wissenschaftlich-technischen Entwicklung gerecht werden.
— Jungen Mädchen sind die gleichen Chancen für ihre Berufsausbildung und -ausübung einzuräumen.
— Ein tariflich geregelter und bezahlter 14tägiger Bildungsurlaub soll Gelegenheit zur beruflichen und politischen Weiterbildung geben.
— Das Bildungswesen ist von militaristischen und revanchistischen Gedankengut zu befreien. Erziehung und Ausbildung müssen im Sinne des Friedens, der Humanität, der Völkerverständigung, des wissenschaftlichen und gesellschaftlichen Fortschritts erfolgen.
— Die staatlichen Ausgaben auf dem Gebiet der Forschung, der Berufsforschung und -ausbildung sind wesentlich zu erhöhen. Von den Unternehmern ist eine nach der Höhe der Profite bemessene Gewinnsteuer zur Finanzierung dieser Ausgaben zu erheben; die demokratische Kontrolle ist den Gewerkschaften zuzugestehen.

Wie die Arbeiterschaft und die Intelligenz so ist vor allem die Arbeiterjugend an einer Schul- und Bildungsreform interessiert und nimmt daher an allen Bewegungen und Aktionen teil.

— Wir sind für die Beseitigung des Bildungsprivilegs.
— Für eine zehnklassige polytechnische Gesamtschule, für Vereinheitlichung und Durchlässigkeit aller Schultypen. Für Modernisierung des Unterrichts durch Vermittlung von

Denkmethoden statt Abfragewissen, für Reduzierung der Pflichtfächerzahl, der Einführung des Kursunterrichts, für Wahlmöglichkeiten des Schülers nach Leistungs- und Neigungsschwerpunkten, für Sexualerziehung als gleichberechtigtes Fach in den Lehrplan.
— Wir treten ein für die Abschaffung der Konfessionsschulen und gegen den Abschluß von Konkordaten, die den Kirchen Einfluß auf den Schulunterricht geben.
— Zur Verwirklichung dieser Pläne ist die Beseitigung des Lehrermangels dringend notwendig.

Die Arbeiterjugend unterstützt die Forderungen der Schüler auf:
— Einführung moderner technischer Unterrichtsmittel; Demokratisierung der Schule durch Mitbestimmung der Schüler bei der Lehrplangestaltung, Lernmittelauswahl, Zensuren, Versetzung und Disziplinarmaßnahmen; offene und sachliche Diskussion von schulischen und politischen Fragen im Unterricht; freie Betätigung demokratischer politischer Organisationen an der Schule.

Die Arbeiterjugend unterstützt die Forderungen nach einer:
— Hochschul- und Studienreform, nach Mitbestimmung der Studenten in allen Entscheidungsgremien der Universitäten, nach Beseitigung der feudalistischen Universitätshierarchie, einem einheitlichen und kostendeckenden Ausbildungsförderungsgesetz, Chancengleichheit für die wissenschaftlichen Lehren des Marxismus-Leninismus, Freiheit der Lernmeinung, Autonomie und Einheit von Forschung und Lehre; wir fordern eine allgemeine, kostendeckende, familienunabhängige Studienförderung.

III. Ausreichende Jugendförderung

Die demokratischen Jugendverbände spielen eine wesentliche Rolle bei der Erziehung der Jugend zu bewußten Demokraten. Das begründet ihre vorrangige materielle Förderungswürdigkeit. Wir wenden uns gegen jeden Versuch, die freie, politische und theoretische Arbeit der Jugendverbände zu gängeln.
— Wir fordern den Ausbau von Freizeit- und Bildungseinrichtungen, insbesondere von Jugendheimen, Clubräumen, Ju-

gendcafés und Sportstätten, die unter eigener Regie und Verantwortung der Jugend stehen.

— Wir fordern Sonderurlaub für die in der Jugendarbeit ehrenamtlich Tätigen.

— Für Lehrlinge, Schüler und Studenten sollen die Hin- und Rückfahrten zum Arbeitsplatz bzw. zur Berufsschule, Schule oder Hochschule auf allen öffentlichen Verkehrsmitteln kostenlos sein.

— Für junge Ehepaare müssen Sozialwohnungen zu niedrigen Mieten bereitgestellt werden.

— Wir fordern ausreichende Kindergärten und -horte, sowie die Vergrößerung der Zahl der Fachkräfte nach Bedarf zur Betreuung der Kinder.

— Wir fordern die Beseitigung jeglicher Diskriminierung unehelicher Kinder; sie sind ehelichen Kindern in jeder Beziehung gleichzustellen.

— Die Beschränkungen für Mittel der Empfängnisverhütung sind aufzuheben, da sie mit der Mündigkeit des Bürgers unvereinbar sind.

IV. Ein Leben in Demokratie und Freiheit

Die schleichende Militarisierung und Formierung des öffentlichen Lebens hemmen und verhindern eine freie Entfaltung der jungen Generation. Eine echte demokratische Willensbildung, an der die Jugend maßgeblichen Anteil hat, muß zu einer umfassenden Demokratisierung der Gesellschaft führen. Eine Demokratisierung der Gesellschaft wird nur möglich durch eine schrittweise Entmachtung des Großkapitals, darum reiht sich die Arbeiterjugend in den demokratischen Kampf der Arbeiterschaft und ihrer Organisationen ein.

Wir fordern:

— Das Anhören und das Mitspracherecht der demokratischen Jugendorganisationen in allen jugendpolitischen Fragen in den Parlamenten und Ausschüssen.

— Die Volljährigkeit mit 18 Jahren.

— Herabsetzung des Wahlalters: für die aktive Wahl auf 18 Jahre, für die passive Wahl auf 21 Jahre.

— Eine ständige Sendezeit für alle demokratischen Jugendorganisationen in den öffentlichen Rundfunkanstalten; in den entscheidenden Gremien der Massenmedien — Funk, Fernsehen und Presse — müssen die demokratischen Jugendverbände wirkungsvoll mitbestimmen können.

Gemeinsam mit allen demokratischen Kräften muß die Arbeiterjugend

— für die Wahrung und Erweiterung der im Grundgesetz verankerten Rechte eintreten;
— die Notstandsgesetze bekämpfen,
— die Wiederzulassung der KPD fordern,
— die Bestrebungen unterstützen, die außerparlamentarische Opposition zu stärken,
— für das reine Verhältniswahlrecht und die Abschaffung der 5-Prozent-Klausel eintreten.
— für eine Vertretung der demokratischen Opposition in den Parlamenten eintreten; diese gewählten Vertreter zur Wahrnehmung der Interessen der demokratischen Opposition und zur Rechenschaft verpflichten.

In den gemeinsamen Aktionen aller antifaschistischen Gruppen muß die Arbeiterjugend aktiv gegen den wachsenden Neonazismus und seine Grundlagen, auf denen er sich entwickelt, die Politik des Antikommunismus, die Gebietsforderungen gegenüber anderen Staaten, der Alleinvertretungsanspruch gegenüber der DDR, die nationalistische Hetze gegenüber anderen Völkern, kämpfen.

— Wir fordern gemeinsam mit den Gewerkschaften und anderen politischen Organisationen die Auflösung der NPD als Nachfolgeorganisation der NSDAP gemäß Artikel 139 des Grundgesetzes.

  Das Verbot der NPD allein beseitigt noch nicht die neofaschistischen Tendenzen in der Bundesrepublik. Es muß im Zusammenhang mit der Aufklärung der Bevölkerung über die Ursachen des Neofaschismus stehen.

— In diesem Zusammenhang unterstützen wir alle Aktionen, die uns zur Entmachtung des demokratie- und friedensfeindlichen Springer-Konzerns führen.

V. Eine Welt des Friedens

Die Verwirklichung aller unserer Forderungen ist nur dann möglich, wenn es gelingt, den Frieden zu erhalten und zu sichern. Darum kämpfen wir gegen die Weiterverbreitung von Atomwaffen und für die Anerkennung aller in Europa bestehenden Grenzen.

Wir treten ein für den Austritt der Bundesrepublik Deutschland aus der NATO und für ein System der europäischen Sicherheit, für eine allgemeine, kontrollierte Abrüstung.

Notwendige erste Schritte zur Abrüstung in der Bundesrepublik sind die Kürzung des Rüstungshaushaltes auf 50 Prozent und Herabsetzung der Wehrpflicht auf 12 Monate.

Ein dauerhafter Frieden in Europa ist nur dann gesichert, wenn die Bundesregierung den Alleinvertretungsanspruch aufgibt und normale gleichberechtigte Beziehungen zur DDR herstellt.

Die Jugend — insbesondere die Arbeiterjugend — beider deutschen Staaten kann durch die Aufnahme freundschaftlicher Beziehungen auf der Basis der Gleichberechtigung für den Frieden wirken und auch so der Annäherung beider deutscher Staaten dienen.

Die Aggression der US-Imperialisten gegen das vietnamesische Volk und gegen alle anderen, um ihre endgültige nationale und soziale Befreiung kämpfenden Völker, muß beendet werden. Unsere Solidarität mit der Nationalen Befreiungsfront und dem um seine Freiheit kämpfenden südvietnamesischen Volk findet in erster Linie ihren Ausdruck in unserem Kampf gegen die moralische, finanzielle, wirtschaftliche und politische Unterstützung der US-Imperialisten.

Wir sind solidarisch mit den Unabhängigkeitsbewegungen in aller Welt.

Nur durch den gemeinsamen Kampf der arbeitenden Jugend, der Schüler und Studenten können diese Forderungen erfüllt werden.

Wir wenden uns an die Arbeiterjugend, an die ganze demokratische Jugend unseres Landes, mit dem Aufruf, durch gemeinsame Aktionen die Forderungen der Jugend durchzusetzen.

2. Grundsatzprogramm der Deutschen Friedens Union (DFU) vom 13. Oktober 1968

Die Lage in der Bundesrepublik ist gekennzeichnet durch den Abbau von Sozialleistungen, die Einschränkung des demokratischen Freiheitsspielraums, die ständige Erhöhung der Rüstungsausgaben, die Notstände im Bildungswesen und das Anwachsen des Neonazismus.

In Europa wächst die Unsicherheit.

Dafür sind vor allem die in Bonn herrschenden Parteien und Industrieverbände verantwortlich. Es ist die Bonner Politik, die den Weg zum gesicherten Frieden in Europa blockiert, die Demokratie im Innern zerstört und den sozialen Besitzstand gefährdet.

Gegen diese Politik gibt es bereits eine bewußte und sichtbare Opposition. Im Kampf gegen die Notstandsgesetze und die Große Koalition, den Vietnamkrieg, die Gefährdung der wirtschaftlichen Existenz und den Mißbrauch der Pressemacht hat sie an Breite und Kraft gewonnen. Sie geht dazu über, die gegenwärtigen Machtverhältnisse in Frage zu stellen und für die Demokratisierung von Wirtschaft, Gesellschaft und Staat zu kämpfen.

Auf diesem Weg müssen sich die oppositionellen Kräfte gemeinsam die Hauptgefahren für Frieden und Demokratie vergegenwärtigen und sich über die erfolgversprechenden Ansätze zur Veränderung der Bonner Politik und ihrer Machtgrundlagen verständigen. Es ist ihre Aufgabe, der Bevölkerung die Perspektive einer demokratischen Entwicklung aufzuzeigen und sie für demokratische Ziele zu gewinnen.

Die Deutsche Friedens-Union als ein Teil der demokratischen Opposition will mit ihrem Grundsatzprogramm diesen Anforderungen der neuen politischen Entwicklungsphase entsprechen.

Die Bevölkerung der Bundesrepublik kann nur in Frieden leben, wenn es Sicherheit in Europa gibt. Das ist heute nicht der Fall.

Die Politik aller bisherigen Regierungen der Bundesrepublik war darauf gerichtet, die DDR, den zweiten deutschen Staat, dem Machtbereich der Bundesrepublik einzugliedern. Die Grenze zwischen den gesellschaftlichen Systemen sollte darüber hinaus weit nach Osten verschoben und damit der Status quo in Europa einseitig verändert werden. Diese Politik war und ist die wesentliche Ursache der Unsicherheit in Europa.

Es gibt nur einen Weg zur Sicherung des europäischen Friedens: Die beiden gesellschaftlichen Systeme und die beiden deutschen Staaten müssen zueinander in ein Verhältnis der Koexistenz gelangen und sich vorrangig in allen Fragen der Friedenssicherung verständigen. Ziel dieser Verständigung muß es sein, einen deutschen Friedensvertrag abzuschließen, eine atomwaffenfreie und militärisch verdünnte Zone in Mitteleuropa zu schaffen und die bisherigen Militärblöcke durch ein kollektives europäisches Sicherheitssystem abzulösen, das die territoriale Unverletzlichkeit aller bestehenden europäischen Staaten garantiert.

Die Bundesregierung hat bisher alle Vorschläge, die in diese Richtung zielten, abgelehnt. Denn die gleichen gesellschaftlichen Kräfte in Wirtschaft, Politik und Armee, die den zweiten Weltkrieg zu verantworten haben, waren seit 1945 darauf bedacht, dessen Ergebnisse rückgängig zu machen, ihre alten Machtpositionen im Innern zurückzugewinnen und den Kampf um die Vorherrschaft in Europa wieder aufzunehmen. Ihr Bemühen um eine Änderung des europäischen Status quo wird sichtbar in der Politik der Nichtanerkennung der DDR und der osteuropäischen Grenzen, im Aufbau der größten konventionellen Streitmacht Westeuropas, im Anspruch auf Atomwaffen und im Versuch, das öffentliche Leben zunehmend zu militarisieren.

Diese Politik stößt bei manchen westlichen Regierungen wie auch im Innern der Bundesrepublik auf wachsenden Widerstand. Darum sehen sich die herrschenden Kräfte heute gezwungen, die alten Ziele mit neuen Methoden weiter zu verfolgen.

Mit der Formel von einem „zeitlich begrenzten und geregelten Nebeneinander“ der beiden deutschen Staaten, mit völkerrechtlich unverbindlichen Gewaltverzichtserklärungen und mit der gezielten Aufnahme von diplomatischen Beziehungen nur zu einigen sozialistischen Staaten versucht die Bundesregierung, sich eine neue Ausgangsbasis für die Weiterführung ihrer expansiven Politik zu schaffen. Mit Hilfe verstärkter Kapitalinvestitionen, handelspolitischer Einflußnahme und propagandistischer Auslandsarbeit unternehmen die offiziellen Stellen der Bundesrepublik und die Führungsstäbe der Privatwirtschaft größte Anstrengungen, um in jeder Weise in die osteuropäischen Länder hineinwirken und sie zunächst in wirtschaftliche, schließlich aber in politische Abhängigkeit zu bringen. Damit wird die bisherige Politik der Nichtanerkennung der DDR ausgeweitet zu einer Politik der Isolierung der DDR im sozialistischen Lager.

Gleichzeitig wird die Offensivkraft der Bundeswehr weiter verstärkt und der Versuch, Verfügungsgewalt über Atomwaffen zu erlangen, fortgesetzt. Ebenso betreibt die Bundesrepublik eine Stärkung und einen weiteren Ausbau der NATO. Während sich atomar gerüstete Staaten auf die Nichtweitergabe nuklearer Waffen geeinigt haben, arbeitet die Bundesregierung auf die Schaffung einer europäischen Atomstreitmacht hin, in der sie kraft ihres wirtschaftlichen Übergewichtes den bestimmenden Einfluß hätte. Aus diesem Grunde verweigert sie die Unterzeichnung des Atomwaffen-Sperr-Vertrages und wirkt in diesem Sinne auf andere Staaten ein. Überdies droht sie mit der Möglichkeit, auch die eigene Atomwaffenproduktion aufzunehmen.

Mit der Annahme der Notstandsgesetze hat sich die Bundesregierung das Instrument geschaffen, um schon im Frieden eine Mobilisierung aller Kräfte nach den Erfordernissen eines modernen Krieges möglich zu machen.

Der expansive Charakter der Politik der Bundesregierung hat sich also nicht verändert. Ihr Grundzug, das Streben nach der europäischen Vormachtstellung, kommt aber nicht nur in der Rüstungs- und Ostpolitik, sondern auch in der von Bonn betriebenen NATO- und EWG-Politik zum Ausdruck.

Über die NATO versucht die Bundesregierung zur Entspannung neigende westeuropäische Staaten auf eine antikommunistische Strategie festzulegen. In der EWG führen Regierung und Industrie der Bundesrepublik einen zähen Kampf um die Beherrschung des Marktes. Der vereinigte westeuropäische Binnenmarkt soll zur Grundlage eines zweiten westlichen Machtzentrums werden, das auch ohne amerikanische Unterstützung in der Lage wäre, das europäische Kräfteverhältnis zu seinen Gunsten zu verändern.

Dennoch wirken Bundesrepublik und USA weiterhin eng zusammen. Washington und Bonn unterstützen sich, trotz aller Interessenunterschiede, in der Europapolitik und in der Bekämpfung nationaler und sozialer Befreiungsbewegungen. In diesem Zusammenhang nimmt die Bonner Entwicklungshilfepolitik immer stärker neokolonialistische Züge an.

Eine neue Politik muß von der Anerkennung der bestehenden Grenzen und der Existenz zweier deutscher Staaten ausgehen und ein verläßliches System der europäischen Sicherheit anstreben.

Die Kernfrage der westdeutschen Außenpolitik ist die völkerrechtliche Anerkennung der DDR. Ohne diese Anerkennung bleibt jede westdeutsche Politik der Sache nach auf die Änderung des territorialen Status quo gerichtet. Schon der völkerrechtlich wirksame Abschluß von Verträgen zur Gewährleistung der europäischen Sicherheit setzt die gleichberechtigte Mitwirkung der DDR voraus. Die Anerkennung würde ferner die Normalisierung der Beziehungen zwischen den beiden deutschen Staaten und die Lösung vieler offener Fragen, darunter nicht zuletzt des Westberlin-Problems, fördern. Sie würde den Abschluß eines Friedensvertrages ermöglichen, der die Voraussetzung jeder zur Wiedervereinigung führenden Entwicklung ist.

Europäische Sicherheit erfordert, daß die Bundesrepublik, wie bereits die DDR, Polen und die CSSR, auf jegliche Art von Besitz, Mitbesitz, Mitverfügung und Produktion atomarer Waffen verzichtet, und dieser Verzicht auch auf bakteriologische und chemische Waffen ausgedehnt wird. Die mitteleuropäischen Staaten müssen sich um eine atomwaffenfreie Zone bemühen und zu Verhandlungen über eine gleichwertige und kontrollierte Abrüstung bereit sein. Die Ablösung der beiden Militärblöcke durch ein kollektives System der europäischen Sicherheit könnte durch die erklärte Bereitschaft der Bundesrepublik zum Austritt aus der NATO und der DDR zum Austritt aus dem Warschauer Pakt gefördert werden. Eine solche Politik würde die Umwandlung der Bundeswehr in eine Defensivstreitmacht und die Abschaffung der allgemeinen Wehrpflicht ermöglichen. Damit könnten die Rüstungskosten auf mindestens die Hälfte gesenkt werden.

Eine neue Politik muß sicherstellen, daß innerhalb der EWG bei allen Entscheidungen die nationalen Parlamente und die Organisationen der Betroffenen, vor allem die Gewerkschaften und die Bauernverbände, mitwirken. Die EWG muß von einer Interessengemeinschaft der westeuropäischen Monopole in einen Wirtschaftsbund umgewandelt werden, der sein Potential auch in den Dienst der Hilfe für die wirtschaftlich schwachen Länder stellt.

Eine neue deutsche Politik muß dabei jeden Versuch neokolonialistischer Einflußnahme auf die Entwicklungsländer unterlassen und das Streben dieser Völker auch nach wirtschaftlicher und politischer Unabhängigkeit unterstützen.

Von der Ostpolitik über die NATO- und EWG-Politik bis zur Politik gegenüber den Entwicklungsländern muß sich die Bundesrepublik vom bisherigen expansiven Machtdenken grundsätzlich abwenden.

Der expansiven Bonner Außenpolitik entspricht im Innern ein fortschreitender Abbau der Demokratie und der Sozialstaatlichkeit. Diese Entwicklung ist darauf zurückzuführen, daß nach dem Ende des zweiten Weltkrieges keine demokratische Umwälzung und keine Veränderung der Machtstrukturen stattgefunden hat.

Die unter dem Eindruck der Katastrophe von 1945 im Grundgesetz angelegte soziale Demokratie ist nie verwirklicht worden. In jüngster Zeit werden Pläne für eine umfassende Umfunktionierung des Grundgesetzes immer offener propagiert und schrittweise durchgesetzt. Die Parlamente sollen in Vollzugsorgane der Exekutive umgewandelt, Länder und Gemeinden der Bundesgewalt unterworfen werden. Dem Wähler soll durch die Einführung des Mehrheitswahlrechts die Möglichkeit genommen werden, Parteien ins Parlament zu bringen, die nicht gleichgeschaltet sind. Das Machtinstrumentarium der Notstandsgesetzgebung wurde geschaffen, um neben der Vorbereitung auf den Kriegsfall das Sozialverhalten der Bevölkerung zu disziplinieren, Widerstrebende unterordnen und oppositionelle Kräfte ausschalten zu können. Gleichzeitig mit der politischen Entmündigung der Bevölkerung erfolgt ein Abbau staatlicher und betrieblicher Sozialleistungen. Das Sozialstaatsprinzip wird grundsätzlich in Frage gestellt. Die Verteilung des Volkseinkommens wird immer ungerechter. Teile des gewerblichen Mittelstandes und der Bauern sind in ihrer wirtschaftlichen Existenz gefährdet.

Diese Entwicklung führt in immer größeren Bevölkerungskreisen zu einer Protesthaltung. Durch das Hochspielen nationalistischer Emotionen, durch die Verketzerung aller linken Alternativen und durch die Verfälschung des Demokratiebegriffes versuchen die Herrschenden, die Menschen von der Erkenntnis ihrer wirklichen Interessen abzuhalten und ihren Unmut in rechtsradikale Bahnen zu lenken. Da die herrschenden Kräfte in Wirtschaft und Politik selbst einen autoritären Leistungsstaat anstreben, erfüllt die Existenz einer neofaschistischen Partei die doppelte Funktion, den Regierungsparteien als Alibi zu dienen und zugleich deren eigene Wendung nach rechts zu beschleunigen.

Diese alarmierende innere Entwicklung hat vor allem ökonomische Ursachen. Seit 1949 vollzieht sich in der Bundesrepublik eine beispiellose wirtschaftliche Machtkonzentration. Die entscheidenden Produktionsmittel geraten immer mehr in die Hände einer immer kleiner werdenden Zahl von Großunternehmen, während sich die Zahl der Mittel- und Kleinbetriebe von Jahr zu Jahr verringert. Dies betrifft nicht zuletzt die Landwirtschaft. Parallel dazu wird das Bankkapital in zunehmendem Maße von einigen Großbanken und die Presse von einigen Großverlagen kontrolliert. Zugleich erhält der Staat eine wachsende Bedeutung als wirtschaftliche Steuerungs- und Umverteilungsinstanz. Etwa die Hälfte des Sozialproduktes wird heute über die öffentlichen Haushalte umverteilt. Der Staat gewinnt damit einen immer stärkeren Einfluß auf die soziale und wirtschaftliche Lage der Bevölkerung wie auf Profit- und Expansionschancen der Industrie. Wirtschaftliche und politische Entscheidungen sind so untrennbar ineinander verflochten, daß die in der Wirtschaft bestimmenden Kräfte darauf angewiesen sind, den Staat und seine Institutionen unmittelbar zu beherrschen. Deshalb kann dieses machtpolitische System nur noch dann reibungslos funktionieren, wenn es auf alle Bereiche der Gesellschaft ausgedehnt wird und alle nicht systemkonformen politischen Kräfte von den Parlamenten und Regierungen ferngehalten werden. Das aber bedeutet: Abbau der parlamentarischen Demokratie, des Föderalismus und der kommunalen Selbstverwaltung, staatliche Reglementierung der Einkommensentwicklung über Konzertierte Aktion und Lohnleitlinien, Unterordnung der Sozialpolitik unter die konjunkturpolitischen Erfordernisse dieses Wirtschaftssystems, Ausrichtung der Wissenschafts- und Bildungspolitik an den Interessen der Großindustrie.

Zum reibungslosen Funktionieren dieses Systems gehört auch, daß für Rüstung und anderen parasitären Aufwand Arbeitskraft, Material und Finanzen vergeudet werden, während in einigen Sozialbereichen ausgesprochener Mangel herrscht. Das Mißverhältnis zwischen unproduktiven und produktiven Ausgaben wird immer größer und verschärft die innergesellschaftlichen Gegensätze.

Gleichzeitig mit dieser Entwicklung vollzieht sich eine technische Revolution, als deren Folge neue industrielle Produktionsformen und neue soziale Bedingungen entstehen. Während die ersteren technologischen Notwendigkeiten folgen, lassen sich die letzteren politisch beeinflussen und regeln. Das wirtschaftliche Management geht auf eine autoritäre und antisoziale

Lösung der entstehenden neuen Probleme aus. Eine Lösung ohne Beteiligung der Betroffenen aber hebt die Widersprüche nicht auf, sondern verschärft sie und erhöht die Gefahr, daß die Herrschenden zu diktatorischen Regierungsformen greifen.

Die Alternative dazu ist die durchgreifende Demokratisierung von Staat, Wirtschaft und Gesellschaft.

Die Parlamente müssen aus der Abhängigkeit von den Exekutiven und Industrieverbänden herausgelöst und zu Volksvertretungen entwickelt werden. Der Zugang zu ihnen muß allen demokratischen Parteien offenstehen. Deshalb sind alle Verzerrungen des reinen Verhältniswahlrechts aufzuheben und die Pläne zur Einführung eines Mehrheitswahlrechts nicht weiter zu verfolgen. Das erfordert ferner, daß die Befugnisse der Parlamente, auch im finanzpolitischen Bereich, nicht beschnitten und alle Verordnungsermächtigungen der Regierungen wieder aufgehoben werden. Alle Ausschußverhandlungen müssen öffentlich sein. Die gegenwärtige staatliche Parteienfinanzierung, die die Parteien von der Exekutive abhängig macht, muß durch ein System ersetzt werden, das jedem Wähler die Möglichkeit gibt, die ihm genehme Partei zu fördern.

Länder und Gemeinden müssen die ihnen im Grundgesetz ursprünglich zugesprochenen Kompetenzen behalten und finanziell in die Lage versetzt werden, ihre Aufgaben zu erfüllen.

Die Notstandsgesetzgebung ist in allen ihren Teilen rückgängig zu machen.

Keine dieser Forderungen wird auf längere Sicht zu verwirklichen sein, wenn es nicht gelingt, auch die wirtschaftlichen und gesellschaftlichen Strukturen in der Bundesrepublik zu demokratisieren. Die Mitbestimmung der Arbeiter und Angestellten in der Wirtschaft ist in der Bundesrepublik gerade wegen des hohen industriellen Konzentrationsgrades zur Grundvoraussetzung einer funktionierenden Demokratie geworden. Ohne Demokratie in der Arbeitswelt ist die Demokratie im Staat ohne Fundament. Mitbestimmung muß dazu führen, daß die Arbeiter und Angestellten über die zu schaffenden Mitbestimmungsorgane gleichberechtigt an der Verfügungsgewalt über die Produktionsmittel und an der Verteilung des Sozialproduktes beteiligt sind. Die demokratische Kontrolle wirtschaftlicher Macht ist in hochentwickelten, privatwirtschaftlich organisierten Industrieländern schon aus Gründen der Friedenssicherung und des Schutzes vor politischem Mißbrauch der wirtschaftlichen Macht unerläßlich. Schlüsselindustrien, Großbanken, Luft- und Raumfahrtindustrie und Einrichtungen der Atomwirtschaft sind in Gemeineigentum zu überführen.

Die Mitbestimmung ist über die wirtschaftlichen Unternehmen hinaus zum allgemeinen gesellschaftlichen Strukturprinzip zu entwickeln. Die Hochschulen müssen autonome, von der Mitbestimmung aller ihrer Glieder getragene Institutionen werden. An allen Schulen ist die Mitbestimmung einzuführen. Auch vor der Bundeswehr darf die Demokratisierung nicht Halt machen. Den Soldaten muß das Recht zustehen, sich in Gewerkschaften zu organisieren. Die Bundeswehr darf nicht im Innern eingesetzt werden. Die Volljährigkeit ist auf das 18. Lebensjahr festzulegen.

Die formal zugestandene Gleichberechtigung der Frau muß in der gesellschaftlichen Wirklichkeit auf allen Gebieten durchgesetzt werden.

Demokratische Bewußtseinsbildung ist nicht möglich, wenn nur noch die Großverleger ihre Meinung massenwirksam verbreiten können. Das Recht auf Informationsfreiheit muß höher stehen als das Recht auf Privateigentum. Wo Verlegermacht die Informations- und Meinungsfreiheit bedroht, müssen deshalb Entflechtungen stattfinden. Die Redaktionen sollten einen vom Verleger unabhängigen Status erhalten. Verlage, die in ihren Publikationen gegen das friedliche Zusammenleben der Völker wirken oder Hetze gegen Minderheiten betreiben, sind zu enteignen.

Auch das Geld- und Kreditwesen bedarf der demokratischen Aufsicht. Deshalb ist das Gesetz über die Deutsche Bundesbank so zu ändern, daß parlamentarische Kontrolle und Mitbestimmung möglich werden. Der Kapitalimport ist offenzulegen. Soweit er dazu führt, ganze Wirtschaftszweige in die Abhängigkeit ausländischer Monopole zu bringen und sie damit der demokratischen Kontrolle zu entziehen, ist er durch Gesetz zu unterbinden.

Im Zuge einer demokratischen Entwicklung muß jedes Gesinnungsstrafrecht abgebaut werden. Das politische Strafrecht hat sich auf Landes- und Hochverratsdelikte zu beschränken. Das Strafrecht darf kein Vergeltungsstrafrecht sein: es hat nur der Resozialisierung des Täters zu dienen.

Die Reform unseres Schul- und Bildungswesens muß den Anforderungen einer künftigen demokratischen Gesellschaft entsprechen. Sie darf nicht, wie viele der gegenwärtig diskutierten Vorschläge, darauf hinauslaufen, das Bildungswesen den durch die technische Revolution gewandelten Bedürfnissen der Großindustrie anzupassen und somit nur die Bedingungen für die Ausbildung qualifizierter Wirtschaftsuntertanen zu schaffen. Eine demokratische Bildungsreform muß vielmehr darauf angelegt sein, neben dem technischen Verfügungswissen kritisches Bewußtsein, eine Bereitschaft zum politischen Engagement und die Fähigkeit zur Ausübung der Mitbestimmungsrechte zu entwickeln. Dies bedeutet vor allem eine radikale Veränderung der Bildungsinhalte und -methoden. Es erfordert zugleich ein einheitlich konzipiertes Schul-, Bildungs- und Ausbildungswesen von der Vorschulerziehung bis zur Hochschule, das frei ist von autoritär-hierarchischen Strukturen. Auch das System der Erwachsenenbildung ist auszubauen, um dem im Arbeitsprozeß stehenden Menschen die Möglichkeit zu geben, das zur Mitwirkung in Staat, Wirtschaft und Gesellschaft notwendige Wissen zu erwerben. Dazu ist das Recht auf bezahlten Bildungsurlaub gesetzlich zu verankern.

Auch die Wissenschafts- und Forschungspolitik muß vor der Gefahr geschützt werden, nur noch den Interessen der Industrie zu dienen. Die Förderung von Wissenschaft und Forschung muß unter maßgeblicher Mitsprache der Wissenschaft selbst erfolgen und den gesamtgesellschaftlichen Interessen entsprechen. Unternehmen, die mit der Anwendung von Ergebnissen der Kernforschung zu tun haben, sollten grundsätzlich öffentlicher Kontrolle unterliegen.

Die Sozialpolitik muß von den Krisenschwankungen der Wirtschaft unabhängig sein. Wir fordern eine menschenwürdige Volksrente für alle Bürger. Die Mittel des Bundes, der Länder und der Gemeinden für öffentliche Aufgaben dürfen nicht je nach Konjunkturlage zurückgehalten oder investiert werden. Öffentliche Dienstleistungsbetriebe, kulturelle und soziale Einrichtungen dienen der Allgemeinheit, sie dürfen nicht nach den Prinzipien der Rentabilität und Kostendeckung geführt werden.

Zu einer sozialstaatlichen Politik gehören ferner die Senkung der Massenverbrauchssteuern und eine höhere Besteuerung der Großverdiener. Die Geldwertstabilität ist zu sichern, indem die Hauptursachen der Inflation ausgeschaltet werden. Das ist vor allem durch Verminderung der parasitären Kosten und durch Weitergabe der Produktivitätsgewinne an die Verbraucher in Form von Preissenkungen möglich.

Bei allen Rationalisierungsmaßnahmen ist die Mitbestimmung der Betroffenen erforderlich. Die Umschulung muß aus einem Fonds finanziert werden, zu dessen Bildung die Industrie durch Gesetz zu verpflichten ist.

Die Strukturveränderungen in Landwirtschaft und gewerblichen Mittelstand müssen durch ein umfassendes Sozialprogramm und einen Katalog steuerpolitischer Hilfen so abgesichert werden, daß keine sozialen Deklassierungen eintreten und jedem einzelnen eine zufriedenstellende soziale Perspektive gewährleistet ist. Der freiwillige Zusammenschluß zu Genossenschaften ist ein Weg, um viele Strukturprobleme zu lösen; er muß deshalb staatlich gefördert werden.

Alle Reformen erfordern Mittel, die unter den Bedingungen der gegenwärtigen Politik und bei vorrangiger Geltung des Profitprinzips nicht im notwendigen Umfange aufzubringen sind. Eine neue Politik, wie sie die demokratische Opposition in der Bundesrepublik anstrebt, könnte hingegen die Voraussetzungen zur Finanzierung der inneren Entwicklungsaufgaben der Bundesrepublik schaffen. Der richtige Einsatz der Mittel im Blick auf die richtigen Ziele wäre aber auch dann nur gewährleistet, wenn an allen Planungen und Strukturreformen die Betroffenen selbst beteiligt sind. Nur die Mitbestimmung aller gesellschaftlichen Kräfte bei der Veränderung der Gesellschaft garantiert den demokratischen und zugleich funktionsfähigen Staat.

III.

Die hier erhobenen Forderungen können nur von der demokratischen Opposition selbst durchgesetzt werden. Sie liegen im Interesse der Bevölkerungsmehrheit unseres Landes.

Politische Opposition entsteht, wo den Menschen die Verletzung ihrer Interessen bewußt wird. Dies geschieht in unserem Lande in den verschiedensten Bereichen und unter den verschiedensten Bedingungen. Entsprechend dieser unterschiedlichen Ausgangspunkte ist die demokratische Opposition vielfältig.

Die oppositionellen Kräfte erzielen maximale Wirkung, wenn sie bei aller organisatorischen Vielfalt und allen Unterschieden in den Fernzielen sich in Aktionen wachsenden Umfangs immer wieder aufs neue zusammenfinden. Aktionsbündnisse der demokratischen Opposition müssen für alle neuen Kräfte offenbleiben.

Grundlegende Veränderungen werden nicht in einem Zuge zu erreichen sein. Sie erfordern einen langwierigen und vielseitigen Kampf, der sich auf allen Seiten der Politik erstrecken muß und auf verschiedenen Ebenen zu führen ist.

Die Aktionen und Aufklärungskampagnen zur Demokratisierung von Wirtschaft und Gesellschaft müssen Hand in Hand gehen mit Bemühungen auch um die Demokratisierung des Staates, insbesondere der Parlamente. Die Parlamente werden in dem Maße Volksvertretungen, in dem es gelingt, die demokratische Bewegung im Volke in sie hineinzutragen.

Dabei sind die Wahlkämpfe nur eine besondere Form des allgemeinen Kampfes für strukturverändernde Reformen und eine neue Politik. Sie dienen der oppositionellen Bewußtseinsbildung in der Bevölkerung und der Mobilisierung und Organisierung der Oppositionskräfte.

Die demokratische Opposition muß auf allen erdenklichen Wegen die Auseinandersetzung um die Bundesrepublik von morgen führen. Gestützt von wachsenden Teilen des Volkes, die zur Erkenntnis ihrer Interessen gelangen, kann sie bei vielseitigem und zugleich gemeinsamem Vorgehen gegen die heute herrschenden Kräfte bewirken, daß die Bundesrepublik zu einer neuen Politik findet und ein Staat des sozialen und demokratischen Fortschritts wird.

3. Programm der Aktion Demokratischer Fortschritt (ADF) vom 7. Dezember 1968*)

Ziel der Partei „Aktion Demokratischer Fortschritt" (ADF) ist die demokratische Erneuerung des politischen und gesellschaftlichen Lebens in der Bundesrepublik, die Verwirklichung des im Grundgesetz proklamierten demokratischen und sozialen Rechtsstaats. Sie sind gegen den Rechtskurs und den aufkommenden Neonazismus durchzusetzen.

Die ADF wirkt an der politischen Willensbildung des Volkes mit. Sie will den Verfassungsgrundsatz durchsetzen, wonach alle Staatsgewalt vom Volke ausgeht.

Die ADF ist entschlossen, jede Form demokratischer Willensbildung innerhalb und außerhalb des Parlaments zur Geltung zu bringen.

In ihrer praktischen Tätigkeit stützt sie sich auf alle Kräfte des am 2. November in Dortmund gegründeten Aktions- und Wahlbündnisses.

I.

20 Jahre Bundesrepublik unter der Herrschaft der CDU/CSU waren 20 Jahre Abkehr von den demokratischen Möglichkeiten, die das Grundgesetz bot, 20 Jahre, in denen die Wiederaufrüstung erzwungen und die Machtposition der Konzerne und aller Kräfte, die das Dritte Reich mitgetragen haben, wieder hergestellt wurde. Die Bundesrepublik hat sich zu einem reaktionären Staatswesen entwickelt. Die Reichen wurden reicher. Das Volk wird manipuliert und in Abhängigkeit gehalten. Statt Frieden zu schließen, verwandeln die Herrschenden das Land zur stärksten Militärmacht West- und Mitteleuropas, die die bestehenden Grenzen nicht anerkennt.

* Beschlossen auf dem Gründungskongreß der ADF am 7. 12. 1868 in Frankfurt/M.-Sindlingen.

Hoffnungen, daß die Große Koalition eine Wende bringen würde, blieben unerfüllt. Befürchtungen, die Große Koalition würde den Charakter der herrschenden Politik nicht ändern, sondern schärfer ausprägen, haben sich bestätigt. Der Eintritt von SPD-Ministern in die Regierung hat es der CDU/CSU ermöglicht, ihre erschütterte Stellung wieder zu festigen und ihre Pläne zu verwirklichen, wozu ihr allein die Kraft gefehlt hatte. Die Wirtschaftskrise wurde auf Kosten des kleinen Mannes aufgefangen; während die Konzertierte Aktion von ihm verlangt stillzuhalten, sieht er sich steigenden Preisen und Mieten und verstärktem Druck in Betrieben gegenüber.

Auf der Grundlage der „Mittelfristigen Finanzplanung" wurde der bisher größte Rüstungshaushalt aufgestellt, und schon werden die Militärausgaben noch darüberhinaus erhöht; Steuererhöhungen drohen, der soziale Abbau setzt sich fort. Die Gewinne und die Macht des Großkapitals sind größer als zuvor. Nur mit Zustimmung der SPD-Bundestagsfraktion konnte die Notstandsgesetzgebung verabschiedet werden.

Der Eintritt der SPD-Führer in die Regierung hat auch in der Außenpolitik keine Wende gebracht. Er hat den alten Plänen, die bereits weitgehend als gescheitert angesehen werden, neuen Auftrieb gegeben. Mit neuen Methoden wird eine gefährliche Ostpolitik fortgesetzt, wird die Feindseligkeit gegenüber der DDR aufrechterhalten und die europäische Nachkriegsordnung in Frage gestellt. Spannungen und Konflikte, die daraus entstehen, werden zum Vorwand genommen, die Aufrüstung zu forcieren und den Atomwaffensperrvertrag abzulehnen. In diesem Klima gedeiht der Neonazismus. Wir erwarten nichts Gutes von jenen, die für diese Entwicklung verantwortlich sind. Zu ihnen gehört auch die FDP, die in allen wesentlichen Fragen mit ihnen übereinstimmt.

Wir warnen davor, den Versprechungen der etablierten Parteien Vertrauen zu schenken. Wir lassen uns nicht täuschen: Nur der gemeinsame Kampf aller Demokraten kann eine Grundlage für Veränderungen schaffen und auch in der Sozialdemokratie kritischen Kräften voranhelfen. Wir verstehen uns als eine Kampfgemeinschaft zu einer umfassenden demokratischen Erneuerung in unserem Lande.

II.
Politische Hauptaufgaben

Friedenspolitik

Um endlich zu stabilen Verhältnissen in Mitteleuropa, zu Sicherheit für unser Volk zu gelangen und einer glaubhaften Friedenspolitik den Weg zu eröffnen, arbeiten wir in der breitesten Öffentlichkeit darauf hin, daß der Atomwaffensperrvertrag unterzeichnet, die Lawine der Rüstungsaufgaben aufgehalten und die Militärausgaben gesenkt werden. Wir treten ein für die Anerkennung der DDR und der bestehenden Nachkriegsgrenzen, für die Auflösung der Militärblöcke und für ein europäisches Sicherheitssystem.

Die Vernunft gebietet die Verständigung mit der Sowjetunion und mit den anderen sozialistischen Ländern. Eine solche Friedenspolitik ist die entscheidende Existenzfrage unseres Volkes und zugleich die Voraussetzung für demokratische Entwicklung und sozialen Fortschritt. Sie bietet den Nationen Europas die Möglichkeit, über ihre gesellschaftliche Entwicklung selbst zu bestimmen.

Entfaltung der demokratischen Selbsttätigkeit auf allen Gebieten der Gesellschaft

Es gilt, in Staat und Wirtschaft, in Schule und Hochschule, in der Presse, in Verwaltung, Justiz und Militär demokratische Öffentlichkeit und Kontrolle durchzusetzen.

In diesem Sinne fordern wir Regierung, Abgeordnete, Verwaltung unablässig vor die Öffentlichkeit. Wir werden das Unsere dazu tun, daß alle wichtigen Gesetzesvorlagen in der breitesten Öffentlichkeit erörtert werden. Wir kämpfen für die Aufnahme von Volksbefragung und Volksentscheid in die Verfassung, für ein uneingeschränktes Verhältniswahlrecht, für Aufhebung aller Sperrklauseln, für Herabsetzung des Wahlalters auf 18 Jahre.

Mitbestimmung in den Betrieben verstehen wir als Aufbau von gesellschaftlicher Gegenmacht gegenüber der Gewalt des Kapitals. Wir erstreben eine durchgehende Kontrolle im Betrieb durch Arbeiter, Angestellte und technische Intelligenz. Sie beginnt am Arbeitsplatz und muß bis in die Konzernspitzen vorangetrieben werden. Deshalb kämpfen wir für die Beseitigung aller gesetzlichen Bestimmungen, die die Vertreter der Arbeitnehmer auf ein vorgeblich allgemeines Betriebsinteresse verpflichten, um sie an der energischen Vertretung der Interessen der Arbeitenden gegen das Kapital zu hindern. Wir setzen uns für ein neues, fortschrittliches Betriebsverfassungsgesetz ein und für die Erweiterung der Mitbestimmung über die MONTAN-Industrie hinaus auf alle Großunternehmen. Dazu gehört auch die gleichberechtigte Vertretung der Arbeitnehmer in allen übergeordneten Gremien der Wirtschaft, vor allem in den Industrie- und Handelskammern und in allen auf Planung gerichteten Institutionen.

Wir unterstützen eine offensive Gewerkschaftspolitik und rufen die Werktätigen auf, nicht auf den Gesetzgeber zu vertrauen, sondern selbst einen Anfang zu machen. Betriebsdemokratie beginnt damit, daß alle Verstöße gegen die Arbeitsbestimmungen, alle unternehmerischen Willkürhandlungen, der Mißbrauch der Arbeitskraft der Lehrlinge und Jungarbeiter, alle Fälle von Wirtschaftskriminalität aufgedeckt und von den Vertretern der Arbeitnehmerschaft weiterverfolgt und vor die Öffentlichkeit gebracht werden. Betriebsdemokratie bedeutet, daß die Beschäftigten sich selbst um die Arbeitsbedingungen und Personalfragen, um Investitionen, Produktion und Gewinnverteilung kümmern.

Wir treten entschieden jedem Versuch des Abbaus sozialer Leistungen entgegen. Wir sind für Erhöhung der sozialen Leistungen auf Kosten der Rüstungsausgaben. Wir kämpfen für eine allgemeine Volksrente. Wir kämpfen für soziale Gerechtigkeit.

Für die Schulen und Hochschulen betreiben wir die Orientierung von Unterricht, Lehre und Forschung auf die Interessen und Zukunftsprobleme der arbeitenden Bevölkerung; Demokratisierung der Hochschulen, Schulen und Berufsschulen; politisches Demonstrationsrecht für die Schüler, Streikrecht der Lehrer. Wir treten ein für volle Durchgängigkeit des Bildungssystems.

Der ganzen Bevölkerung muß die Möglichkeit sportlicher Betätigung erschlossen werden. Der Sport soll der Gesunderhaltung dienen und die Freude an Leistungen wecken.

Der Kampf der Jugend für politische Mitsprache ist unser gemeinsamer Kampf. Wir setzen uns ein für die Herabsetzung der Volljährigkeitsgrenze von 21 auf 18 Jahre und für das politische Mandat aller Jugend-, Schüler- und Studentenorganisationen. Wir treten ein für eine demokratische Berufsausbildung, die allen jungen Menschen die Möglichkeit eröffnet, in freier Selbstbestimmung ihr Leben zu gestalten und an der Demokratisierung der Gesellschaft mitzuarbeiten.

Die Frauen müssen das Zukunftsbild der Gesellschaft mitprägen. Wir treten ein für volle Gleichberechtigung der Frau in Ehe, Beruf, Gesellschaft und politischem Leben.

Kampf gegen Neonazismus und Notstandsgesetze

Die ADF führt die Bewegung gegen die Notstandsgesetze bis zu deren Beseitigung, gegen Verfassungsbruch und Willkürhandlungen von Regierung, Verwaltung und Polizei fort. Wir werden dabei unablässig den Zusammenhang zwischen der Regierungspolitik und dem organisierten Neonazismus aufweisen. Wir treten, wie bereits zahlreiche Gewerkschaftsorganisationen, für Auflösung der NPD ein.

Wir führen den Kampf gegen die Politik der Reaktion in dem Bewußtsein, damit zugleich den wichtigsten Beitrag zur internationalen Entspannung zu leisten.

III.

Leitsätze zur Wirtschaftspolitik

Kampf gegen das Großkapital

Wir werden überall das Zusammenspiel von Großkapital und herrschenden Parteien sichtbar machen und zeigen, in wessen Hand die Macht im Staate ist.

Wir treten ein für die Überführung der Schlüsselindustrien, der marktbeherrschenden Unternehmen, der Großbanken und Versicherungen in Gemeineigentum, wozu Artikel 14 und 15 des Grundgesetzes die Möglichkeit bieten.

Wir wollen damit erreichen, daß niemand mehr im Interesse des Profits Rüstungs- und Kriegswirtschaft betreiben kann.

Preis- und Lohnpolitik

Die ADF wird unablässig auf den Zusammenhang zwischen wirtschaftlicher Macht und Preissteigerung hinweisen. Sie wird deutlich machen, daß die Konjunkturpolitik der Regierung vor allem der Sicherung und Steigerung der Gewinne dient. Deshalb halten wir es für notwendig, den Angriffen der Unternehmerseite durch eine offensive Gewerkschaftspolitik in Fragen des Lohnes, des Beschäftigungsschutzes und der Arbeitszeit zu begegnen. Die ADF wird darüber aufklären, daß „Konzertierte Aktionen", „Lohnleitlinien" oder „Orientierungsdaten", „produktivitätskonforme Lohnpolitik" Mittel sind, die Lohnbewegung den Interessen des Kapitals zu unterwerfen.

In einer Zeit steigender Preise, Mieten, öffentlicher Tarife und Sozialbeiträge kann sich der Kampf um den Reallohn nicht mehr auf den bloßen Tarifstreit beschränken. Die Bevölkerung ist also darauf verwiesen, sich auch unmittelbar um die Preisbildung, um die Steuer- und Finanzpolitik zu kümmern.

Der Kampf um den Lebensstandard wird so zur Aufgabe gesellschaftlicher Kontrollmacht. Er muß sich unmittelbar mit der Kontrolle des gesamten wirtschaftlichen Lebens verbinden.

Agrarpolitik

Die herrschenden Parteien haben die Bauern 20 Jahre lang hinters Licht geführt. Sie haben die Landwirtschaft den Interessen des Großkapitals und den Lasten der Aufrüstung unterworfen. Die Bundesregierung opfert den westdeutschen Agrarmarkt den Zielen ihrer Außenpolitik und den Exportinteressen der Großindustrie. Auch die NPD vertritt die Interessen des bauernfeindlichen Groß- und Handelskapitals. Die von uns angestrebte grundlegende Veränderung der gegenwärtigen Agrar- und Wirtschaftspolitik dient sowohl den Bauern, die ihren Einzelbetrieb gegen die Bonner Enteignungspläne verteidigen, als auch den Anhängern des genossenschaftlichen Weges in der Landwirtschaft.

In einer Zeit, da ganze Kontinente vor dem chronischen Hunger stehen, darf es keine „Sozialbranche“, kein Bauernlegen, keine Vereitelung landwirtschaftlicher Erzeugung, keine Vernichtung von Lebensmitteln geben. Heimische Überschußprodukte müssen vom Staat aufgekauft und an die Entwicklungsländer ohne politische Bedingungen gegeben werden.

Die arbeitenden Menschen in Stadt und Land gehören zusammen! Ihre Kaufkraft darf nicht durch die Gewinnspannen der weiterverarbeitenden Industrie und des Großhandels abgesaugt werden. Dazu ist es notwendig, daß die Landwirte Erzeugergenossenschaften bilden und in die Weiterverarbeitung eindringen. Wir unterstützen sie in ihrem Kampf um staatliche Hilfe für solche Zwecke.

Viele Bauern stehen heute in Gestalt der Vertragslandwirtschaft vor der Unterwerfung unter die Industrie. Die Landwirte werden damit zu Lohnarbeitern des Großkapitals. Sie müssen sich zusammenschließen, um der Preismacht der Konzerne wirksam zu begegnen. Durch die Mitbestimmung der Arbeiter und Bauern müssen die vom Monopolkapital diktierten überhöhten Betriebsmittelpreise gesenkt werden.

Gewerbliche Mittelschichten

Wir unterstützen die gewerblichen Mittelschichten im Kampf um ihre Existenz gegen die Konzentration wirtschaftlicher Macht in den Händen Einzelner und gegen eine Steuer- und Wirtschaftspolitik, die die Konzentration begünstigt. Wir wollen mit ihnen gemeinsam die Vorherrschaft der CDU und des Großkapitals in den Verbänden und Organen der Wirtschaft und des Handels zurückdrängen.

Unser Land in der Weltwirtschaft

Zum Unterschied vom international verflochtenen Großkapital erstreben wir eine umfassende blockfreie Weltwirtschaft der Zusammenarbeit zwischen West und Ost und der uneigennützigen Hilfeleistung an die Entwicklungsländer. Wir wirken auf internationale Zusammenarbeit der Werktätigen und ihrer Organisationen hin, damit der Koalition des Kapitals eine gleichwertige Kampfkraft der Werktätigen begegnet.

4. Rote Armee Fraktion (RAF): „Das Konzept Stadtguerilla"

Wenn der Feind uns bekämpft, ist das gut und nicht schlecht:

Ich bin der Meinung, daß es für uns — sei es für den Einzelnen, für eine Partei, eine Armee oder eine Schule — schlecht ist, wenn der Feind nicht gegen uns Front macht; denn in diesem Fall würde es doch bedeuten, daß wir mit dem Feind unter einer Decke steckten. Wenn wir vom Feind bekämpft werden, dann ist das gut; denn es ist ein Beweis, daß wir zwischen uns und dem Feind einen klaren Trennungsstrich gezogen haben. Wenn uns der Feind energisch entgegentritt, uns in den schwärzesten Farben malt und gar nichts bei uns gelten läßt, dann ist das noch besser; denn es zeugt davon, daß wir nicht nur zwischen uns und dem Feind eine klare Trennungslinie gezogen haben, sondern daß unsere Arbeit auch glänzende Erfolge gezeitigt hat.

26. Mai 1939 *Mao Tse Tung*

I. Konkrete Antworten auf konkrete Fragen

Ich beharre fest darauf, daß Jemand, der keine Untersuchung angestellt hat, auch kein Mitspracherecht haben kann. *Mao*

Einige Genossen sind mit ihrem Urteil über uns schon fertig. Für sie ist es eine „Demagogie der bürgerlichen Presse" diese „anarchistische Gruppe" mit der sozialistischen Bewegung überhaupt in Verbindung zu bringen. Indem sie ihn falsch und denunziatorisch benutzen, hebt sich ihr Anarchismusbegriff von dem der Springerpresse nicht ab. Auf einem so miesen Niveau möchten wir uns mit niemanden unterhalten.

Viele Genossen wollen wissen, was wir uns dabei denken. Der Brief an 883 vom Mai 70 war zu allgemein; das Tonband, das die Ray hatte, wovon Auszüge im Spiegel erschienen sind, war ohnehin nicht authentisch, stammte aus dem Zusammenhang privatistischer Diskussion. Die Ray wollte es als Gedächtnisstütze für einen selbständigen Artikel von sich benutzen. Sie hat uns reingelegt oder wir haben sie überschätzt. Wäre unsere Praxis so überstürzt wie einige Formulierungen dort, hätten sie uns schon. Der Spiegel hat der Ray ein Honorar von 1000 Dollar dafür bezahlt.

Daß fast alles, was die Zeitungen über uns schreiben — und wie sie es schreiben: alles — gelogen ist, ist klar. Entführungspläne mit Willy Brandt sollen uns zu politischen Hornochsen stempeln, die Verbindung zwischen einer Kindsentführung und uns zu Verbrechern, die in der Wahl der Mittel skrupellos sind. Das geht bis zu den „gesicherten Einzelheiten“ in Konkret, wo allerdings schon die für die Sache belanglosen Details nur zusammengeschludert wurden. Daß es bei uns „Offiziere und Soldaten“ gäbe, daß jemand jemanden „hörig“ sei, daß jemals jemand „liquidiert“ werden sollte, daß Genossen, die sich von uns getrennt haben, noch was von uns zu befürchten hätten, daß wir uns mit der vorgehaltenen Knarre Zutritt zu Wohnungen verschafft hätten oder Pässe, daß „Gruppenterror“ ausgeübt würde — das ist alles nur Dreck.

Wer sich die illegale Organisierung von bewaffnetem Widerstand nach dem Muster von Freikorps und Feme vorstellt, will selbst das Pogrom. Psychische Mechanismen, die solche Projektionen produzieren, sind in Horkheimer/Adornos „Autoritärer Persönlichkeit“ und in Reichs „Massenpsychologie des Faschismus“ im Zusammenhang mit Faschismus analysiert worden. Der revolutionäre Zwangscharakter ist eine contradictio in adjecto — ein Widerspruch, der nicht geht. Eine revolutionäre politische Praxis unter den herrschenden Bedingungen — wenn nicht überhaupt — setzt die permanente Integration von individuellem Charakter und politischer Motivation voraus, d. h. politische Identität. Marxistische Kritik und Selbstkritik hat mit „Selbstbefreiung“ nichts, dagegen mit revolutionärer Disziplin sehr viel zu tun. Wer hier „nur Schlagzeilen machen“ wollte, waren ganz sicher nicht einmal irgendwelche „linken Organisationen“, die — anonym — als Verfasser firmieren, sondern konkret selbst, dessen Herausgeber auch sonst als linke Hand von Eduard Zimmermann Image-Pflege treibt, um diese bestimmte Wichsvorlage in einer bestimmten Marktlücke zu behaupten.

Auch viele Genossen verbreiten Unwahrheiten über uns. Sie machen sich damit fett, daß wir bei ihnen gewohnt hätten, daß sie unsere Reise in den Nahen Osten organisiert hätten, daß sie über Kontakte informiert wären, über Wohnungen, daß sie was für uns täten, obwohl sie nichts tun. Manche wollen damit nur zeigen, daß sie „in" sind. So hat es Günther Voigt erwischt, der sich gegenüber Dürrenmatt zum Baader-Befreier aufgeblasen hatte, was er bereut haben wird, als die Bullen kamen. Das Dementi, auch wenn es der Wahrheit entspricht, ist dann garnicht so einfach. Manche wollen damit beweisen, daß wir blöde sind, unzuverlässig, unvorsichtig, durchgeknallt. Damit nehmen sie andere gegen uns ein. In Wirklichkeit schließen sie nur von sich auf uns. Sie konsumieren. Wir haben mit diesen Schwätzern, für die sich der antiimperialistische Kampf beim Kaffee-Kränzchen abspielt, nichts zu tun. — Solche, die nicht schwatzen, die einen Begriff von Widerstand haben, denen genug stinkt, um uns eine Chance zu wünschen, die uns unterstützen, weil sie wissen, daß ihr Kram lebenslängliche Integration und Anpassung nicht wert ist, gibt es viele.

Die Wohnung in der Knesebeckstraße 89 (Mahler-Verhaftung) ist nicht durch eine Schlamperei von uns hochgegangen, sondern durch Verrat. Der Denunziant war einer von uns. Dagegen gibt es für die, die das machen, was wir machen, keinen Schutz, dagegen, daß Genossen von den Bullen fertig gemacht werden, daß einer den Terror nicht aushalten kann, den das System gegen die entfaltet, die es tatsächlich bekämpfen. Sie hätten nicht die Macht, wenn sie nicht die Mittel hätten, die Schweine.

Manche geraten durch uns in einen unerträglichen Rechtfertigungsdruck. Um der politischen Auseinandersetzung mit uns auszuweichen, der Infragestellung der eigenen Praxis durch unsere Praxis, werden sogar einfache Fakten verdreht. So wird z. B. immer noch behauptet, Baader hätte nur drei oder neun oder zwölf Monate abzusitzen gehabt, obwohl die richtigen Daten leicht zu ermitteln sind: Drei Jahre für Brandstiftung, sechs Monate von früher auf Bewährung, sechs Monate schätzungsweise für Urkundenfälschung etc. — der Prozeß stand bevor. Von diesen 48 Monaten hatte Andreas Baader 14 in zehn hessischen Gefängnissen abgesessen — neun Verlegungen wegen schlechter Führung, d. h. Organisierung von Meuterei; Widerstand. Das Kalkül, mit dem die verbleibenden 34 Monate auf drei, neun und zwölf heruntergefeilscht worden sind, hatte den Zweck, der Gefangenenbefreiung vom 14. Mai auch noch den moralischen Wind aus den Segeln zu nehmen. So rationalisieren einige Genossen ihre Angst vor den persönlichen Konsequenzen, die die politische Auseinandersetzung mit uns für sie haben könnte.

Die Frage, ob die Gefangenenbefreiung auch dann gemacht worden wäre, wenn wir gewußt hätten, daß ein Linke dabei angeschossen wird — sie ist uns oft genug gestellt worden — kann nur mit Nein beantwortet werden. Die Frage: was wäre gewesen, wenn, ist aber vieldeutig — pazifistisch, platonisch, moralisch, unparteiisch. Wer ernsthaft über Gefangenenbefreiung nachdenkt, stellt sie nicht, sondern sucht sich die Antwort selbst. Mit ihr wollen Leute wissen, ob wir so brutalisiert sind, wie uns die Springerpresse darstellt, da soll uns der Katechismus abgefragt werden. Sie ist ein Versuch, an der Frage der revolutionären Gewalt herumzufummeln, revolutionäre Gewalt und bürgerliche Moral auf einen Nenner zu bringen, was nicht geht. Es gab bei Berücksichtigung aller Möglichkeiten und Umstände keinen Grund für die Annahme, daß ein Ziviler sich noch dazwischenwerfen könnte und würde. Daß die Bullen auf so einen keine Rücksicht nehmen würden, war uns klar. Der Gedanke, man müßte eine Gefangenenbefreiung unbewaffnet durchführen, ist selbstmörderisch.

Am 14. Mai ebenso wie in Frankfurt, wo zwei von uns abgehauen sind, als sie verhaftet werden sollten, weil wir uns nicht einfach verhaften lassen — haben die Bullen zuerst geschossen. Die Bullen haben jedesmal gezielte Schüsse abgegeben. Wir haben z. T. überhaupt nicht geschossen, und wenn, dann nicht gezielt.

In Berlin, in Nürnberg, in Frankfurt. Das ist nachweisbar, weil es wahr ist. Wir machen nicht „rücksichtslos von der Schußwaffe Gebrauch". Der Bulle, der sich in dem Widerspruch zwischen sich als „kleinem Mann" und als Kapitalistenknecht, als kleinem Gehaltsempfänger und Vollzugsbeamten des Monopolkapitals befindet, befindet sich nicht im Befehlsnotstand. Wir schießen, wenn auf uns geschossen wird. Den Bullen, der uns laufen läßt, lassen wir auch laufen.

Es ist richtig, wenn behauptet wird, mit dem immensen Fahndungsaufwand gegen uns sei die ganze sozialistische Linke in der Bundesrepublik und Westberlin gemeint. Das bißchen Geld, das wir geklaut haben sollen, die paar Auto- und Dokumentendiebstähle, derer wegen gegen uns ermittelt wird, auch nicht der Mordversuch, den man uns anzuhängen versucht, rechtfertigen für sich den Tanz. Der Schreck ist den Herrschenden in die Knochen gefahren, die schon geglaubt hatten, diesen Staat und alle seine Einwohner und Klassen und Widersprüche bis in den letzten Winkel im Griff zu haben; die Intellektuellen wieder auf ihre Zeitschriften reduziert, die Linken wieder in ihre Zirkel eingeschlossen, den Marxismus-Leninismus entwaffnet, den Internationalismus demoralisiert zu haben. So zimperlich freilich, wie die sich aufführten, so verletzbar ist die Machtstruktur, die sie repräsentieren, nicht. Man sollte sich von ihrem Gezeter nicht dazu verleiten lassen, selbst große Töne zu spucken.

Wir behaupten, daß die Organisierung von bewaffneten Widerstandsgruppen zu diesem Zeitpunkt in der Bundesrepublik und Westberlin richtig ist, möglich ist, gerechtfertigt ist. Daß es richtig, möglich und gerechtfertigt ist, hier und jetzt Stadtguerilla zu machen. Daß der bewaffnete Kampf als „die höchste Form des Marxismus-Leninismus" (Mao) jetzt begonnen werden kann und muß, daß es ohne dem keinen antiimperialistischen Kampf in den Metropolen gibt.

Wir sagen nicht, daß die Organisierung illegaler bewaffneter Widerstandsgruppen legale proletarische Organisationen ersetzen könnten und Einzelaktionen Klassenkämpfe und nicht, daß der bewaffnete Kampf die politische Arbeit im Betrieb und im Stadtteil ersetzen könnte. Wir behaupten nur, daß das eine die Voraussetzung für den Erfolg und den Fortschritt des anderen ist. Wir sind keine Blanquiten und keine Anarchisten, obwohl wir Blanqui für einen großen Revolutionär halten und den persönlichen Heroismus vieler Anarchisten für ganz und gar nicht verächtlich.

Unsere Praxis ist kein Jahr alt. Die Zeit ist zu kurz, um schon von Resultaten reden zu können. Die große Öffentlichkeit, die uns die Herren Genscher, Zimmermann & Co. verschafft haben, läßt es uns aber propagandistisch opportun erscheinen, schon jetzt einiges zu Bedenken zu geben.

„Wenn Ihr allerdings wissen wollt, was die Kommunisten denken, dann seht auf ihre Hände und nicht auf ihren Mund“.

II. Metropole Bundesrepublik

Die Krise entsteht nicht so sehr durch den Stillstand der Entwicklungsmechanismen, als vielmehr durch die Entwicklung selbst. Da sie einzig das Anwachsen von Profit zum Ziel hat, speist diese Entwicklung mehr und mehr den Parasitismus und die Vergeudung, benachteiligt sie ganze soziale Schichten, produziert sie wachsende Bedürfnisse, die sie nicht befriedigen kann und beschleunigt sie den Zerfall des gesellschaftlichen Lebens. Nur ein monströser Apparat kann die provozierten Spannungen und Revolten durch Meinungsmanipulation und offene Repression kontrollieren. Die Rebellion der Studenten und der Negerbewegung in Amerika, die Krise, in die die politische Einheit der amerikanischen Gesellschaft geraten ist, die Ausdehnung der studentischen Kämpfe in Europa, der heftige Wiederbeginn und die neuen Inhalte des Arbeiter- und Massenkampfes bis hin zur Explosion des ‚Mai‘ in Frankreich, zur tumultuarischen Gesellschaftskrise in Italien und zum Wiederaufkommen von Unzufriedenheit in Deutschland, kennzeichnen die Situation.

Il Manifesto: Notwendigkeit des Kommunismus.
Aus These 33

Die Genossen von Il Manifesto nennen bei dieser Aufzählung die Bundesrepublik zu Recht an letzter Stelle und benennen das, was die Situation hier kennzeichnet, nur vage als „Unzufriedenheit“. Die Bundesrepublik, von der Barzel vor sechs Jahren noch gesagt hat, sie sei ein wirtschaftlicher Riese aber ein politischer Zwerg — ihre ökonomische Stärke ist seither nicht weniger geworden, ihre politische Stärke mehr, nach innen und außen. Mit der Bildung der Großen Koalition 1966 kam man der politischen Gefahr, die aus der damals bevorstehenden Rezession hätte spontan entstehen können, zuvor. Mit den Notstandsgesetzen hat man sich das Instrument geschaffen, das einheitliches Handeln der Herrschenden auch in zukünftigen Krisensituationen sichert — die Einheit zwischen politischer Reaktion und allen, denen an Legalität noch gelegen sein würde. Der sozial-liberalen Koalition ist es gelungen, die „Unzufriedenheit", die sich durch Studentenbewegung und Außerparlamentarische Bewegung bemerkbar gemacht hatte, weitgehend zu absorbieren, insofern der Reformismus der Sozialdemokratischen Partei im Bewußtsein ihrer Anhänger noch nicht abgewirtschaftet hat, sie mit ihren Reformversprechen auch für große Teile der Intelligenz die Aktualität einer kommunistischen Alternative aufschieben, dem antikapitalistischen Protest die Schärfe nehmen konnte. Ihre Ostpolitik erschließt dem Kapital neue Märkte, besorgt den deutschen Beitrag zum Ausgleich und Bündnis zwischen US-Imperialismus und Sowjetunion, den die USA brauchen, um freie Hand für ihre Aggressionskriege in der Dritten Welt zu haben. Dieser Regierung scheint es auch zu gelingen, die Neue Linke von den alten Antifaschisten zu trennen und damit die Neue Linke einmal mehr von ihrer Geschichte, der Geschichte der Arbeiterbewegung, zu isolieren. Die DKP, die ihre Zulassung der neuen Komplizenschaft US-Imperialismus/Sowjetrevisionismus verdankt veranstaltet Demonstrationen für die Ostpolitik dieser Regierung; Niemöller — antifaschistische Symbolfigur — wirbt für die SPD in bevorstehenden Wahlkämpfen. —

Unter dem Vorwand „Gemeinwohl" nahm staatlicher Dirigismus mit Lohnleitlinien und Konzertierter Aktion die Gewerkschaftsbürokratien an die Kandarre. Die Septemberstreiks '69 zeigten, daß man den Bogen zugunsten des Profits überspannt hatte, zeigten in ihrem Verlauf als nur-ökonomische Streiks wie fest man das Heft in der Hand hat.

Die Tatsache, daß die Bundesrepublik mit ihren annähernd 2 Millionen ausländischen Arbeitern in der sich abzeichnenden

Rezession eine Arbeitslosigkeit bis zu annähernd 10 Prozent dazu wird benutzen können, den ganzen Terror, den ganzen Disziplinierungsmechanismus, der Arbeitslosigkeit für das Proletariat bedeutet, zu entfalten, ohne ein Heer von Arbeitslosen verkraften zu müssen, ohne die politische Radikalisierung dieser Massen am Hals zu haben, verschafft einen Begriff von der Stärke des Systems.

Durch Entwicklungs- und Militärhilfe an den Aggressionskriegen der USA beteiligt, profitiert die Bundesrepublik von der Ausbeutung der Dritten Welt, ohne die Verantwortung für diese Kriege zu haben, ohne sich deswegen mit einer Opposition im Innern streiten zu müssen. Nicht weniger aggressiv als der US-Imperialismus ist sie doch weniger angreifbar.

Die politischen Möglichkeiten des Imperialismus sind hier weder in ihrer reformistischen noch in ihrer faschistischen Variante erschöpft; seine Fähigkeiten, die von ihm selbst erzeugten Widersprüche zu integrieren oder zu unterdrücken, nicht am Ende.

Das Konzept Stadtguerilla der Roten Armee Fraktion basiert nicht auf einer optimistischen Einschätzung der Situation in der Bundesrepublik und Westberlin.

III. Studentenrevolte

> Aus der Erkenntnis des einheitlichen Charakters des kapitalistischen Herrschaftssystems resultiert, daß es unmöglich ist, die Revolution „in den Hochburgen“ von der „in den rückständigen Gebieten“ zu trennen. Ohne eine Wiederbelebung der Revolution im Westen kann nicht mit Sicherheit verhindert werden, daß der Imperialismus durch seine Logik der Gewalt dazu fortgerissen wird, seinen Ausweg in einem katastrophischen Krieg zu suchen, oder daß die Supermächte der Welt ein erdrückendes Joch aufzwingen.
>
> Il Manifesto. Aus These 52

Die Studentenbewegung als kleinbürgerliche Revolte abtun, heißt: sie auf die Selbstüberschätzungen, die sie begleiten, reduzieren; heißt: ihren Ursprung aus dem konkreten Widerspruch zwischen bürgerlicher Ideologie und bürgerlicher Gesellschaft leugnen; heißt: mit der Erkenntnis ihrer notwendigen Begrenztheit das theoretische Niveau verleugnen, das ihr antikapitalistischer Protest schon erreicht hatte.

Gewiß war das Pathos, mit dem sich die Studenten, die sich ihrer psychischen Verelendung in Wissenschaftsfabriken bewußt geworden waren, mit den ausgebeuteten Völkern Lateinamerikas, Afrikas und Asiens identifizierten, übertrieben; stellte der Vergleich zwischen der Massenauflage der Bild-Zeitung hier und dem Massenbombardement auf Vietnam eine grobe Vereinfachung dar; war der Vergleich zwischen ideologischer Systemkritik hier und bewaffnetem Kampf dort überheblich; war der Glaube, selbst das revolutionäre Subjekt zu sein — soweit er unter Berufung auf Marcuse verbreitet war — gegenüber der tatsächlichen Gestalt der bürgerlichen Gesellschaft und den sie begründenden Produktionsverhältnissen ignorant.

Es ist das Verdienst der Studentenbewegung in der Bundesrepublik und Westberlin — ihrer Straßenkämpfe, Brandstiftungen, Anwendung von Gegengewalt, ihres Pathos also auch, ihrer Übertreibungen und Ignoranz, kurz: ihrer Praxis, den Marxismus-Leninismus im Bewußtsein wenigstens der Intelligenz als diejenige politische Theorie rekonstruiert zu haben, ohne die politische, ökonomische und ideologische Tatsachen und ihre Erscheinungsformen nicht auf den Begriff zu bringen sind, ihr innerer und äußerer Zusammenhang nicht zu beschreiben ist.

Gerade weil die Studentenbewegung von der konkreten Erfahrung des Widerspruchs zwischen der Ideologie der Freiheit der Wissenschaft und der Realität der dem Zugriff des Monopolkapitals ausgesetzten Universität ausging, weil sie nicht nur ideologisch initiiert war, ging ihr die Puste nicht aus, bis sie den Zusammenhang zwischen der Krise der Universität und der Krise des Kapitalismus wenigstens theoretisch auf den Grund gegangen war. Bis ihnen und ihrer Öffentlichkeit klar war, daß nicht „Freiheit, Gleichheit, Brüderlichkeit“, keine Menschenrechte, keine UNO-Charta den Inhalt dieser Demokratie ausmachen; daß hier gilt, was für die kolonialistische und imperialistische Ausbeutung Lateinamerikas, Afrikas und

Asiens immer gegolten hat: Disziplin, Unterordnung und Brutalität für die Unterdrückten, für die, die sich auf deren Seite stellen, Protest erheben, Widerstand leisten, den antiimperialistischen Kampf führen.

Ideologiekritisch hat die Studentenbewegung nahezu alle Bereiche staatlicher Repression als Ausdruck imperialistischer Ausbeutung erfaßt: In der Springerkampagne, in den Demonstrationen gegen die amerikanische Aggression in Vietnam, in der Kampagne gegen die Klassenjustiz, in der Bundeswehrkampagne, gegen die Notstandsgesetze, in der Schülerbewegung. Enteignet Springer!, Zerschlagt die Nato!, Kampf dem Konsumterror!, Kampf dem Erziehungsterror!, Kampf dem Mietterror! waren richtige politische Parolen. Sie zielten auf die Aktualisierung der vom Spätkapitalismus selbst erzeugten Widersprüche im Bewußtsein aller Unterdrückten, zwischen neuen Bedürfnissen und den durch die Entwicklung der Produktivkräfte neuen Möglichkeiten der Bedürfnisbefriedigung auf der einen Seite und dem Druck irrationaler Subordination als Kehrseite.

Was ihr das Selbstbewußtsein gab waren nicht entfaltete Klassenkämpfe hier, sondern das Bewußtsein, Teil einer internationalen Bewegung zu sein, es mit demselben Klassenfeind hier zu tun haben, wie der Vietcong dort, mit demselben Papiertiger, mit denselben Pigs.

Die provinzialistische Abkapselung der alten Linken durchbrochen zu haben, ist das zweite Verdienst der Studentenbewegung: Die Volksfrontstrategie der alten Linken als Ostermarsch, Deutsche Friedensunion, Deutsche Volkszeitung, als irrationale Hoffnung auf den „großen Erdrutsch“ bei irgendwelchen Wahlen, ihre parlamentarische Fixierung auf Strauß hier, Heinemann da, ihre pro- und antikommunistische Fixierung auf die DDR, ihre Isolation, ihre Resignation, ihre moralische Zerrissenheit: zu jedem Opfer bereit, zu keiner Praxis fähig zu sein. Der sozialistische Teil der Studentenbewegung nahm, trotz theoretischer Ungenauigkeiten — sein Selbstbewußtsein aus der richtigen Erkenntnis, daß „die revolutionäre Initiative im Westen auf die Krise des globalen Gleichgewichts und auf das Heranreifen neuer Kräfte in allen Ländern vertrauen kann" (These 55 von Il Manifesto). Sie machten zum Inhalt ihrer Agitation und Propaganda das, worauf sie sich angesichts der deutschen Verhältnisse hauptsächlich berufen konnten: Daß gegenüber der Globalstrategie des Imperialismus die Perspektive nationaler Kämpfe internationalistisch zu sein hat, daß erst die Verbindung nationaler Inhalte mit internationalen, traditioneller Kampfformen mit internationalistischen revolutionäre Initiative stabilisieren kann. Sie machten ihre Schwäche zu ihrer Stärke, weil sie erkannt hatten, daß nur so erneute Resignation, provinzialistische Abkapselung, Reformismus, Volksfrontstrategie, Integration verhindert werden können — die Sackgassen sozialistischer Politik unter post- und präfaschistischen Bedingungen, wie sie in der Bundesrepublik und Westberlin bestehen.

Die Linken wußten damals, daß es richtig sein würde, sozialistische Propaganda im Betrieb mit der tatsächlichen Verhinderung der Auslieferung der Bild-Zeitung zu verbinden. Daß es richtig wäre, die Propaganda bei den GI's, sich nicht nach Vietnam schicken zu lassen, mit tatsächlichen Angriffen auf Militärflugzeuge für Vietnam zu verbinden, die Bundeswehrkampagne mit tatsächlichen Angriffen auf Nato-Flughäfen. Daß es richtig wäre, die Kritik an der Klassenjustiz mit dem Sprengen von Gefängnismauern zu verbinden, die Kritik am Springerkonzern mit der Entwaffnung seines Werkschutzes, richtig, einen eigenen Sender in Gang zu setzen, die Polizei zu demoralisieren, illegale Wohnungen für Bundeswehrdeserteure zu haben, für die Agitation bei ausländischen Arbeitern Personalpapiere fälschen zu können, durch Betriebssabotage die Produktion von Napalm zu verhindern.

Und falsch, seine eigene Propaganda von Angebot und Nachfrage abhängig zu machen, keine Zeitung, wenn die Arbeiter sie noch nicht finanzieren, kein Auto, wenn die „Bewegung" es noch nicht kaufen kann, keinen Sender, weil es keine Lizenz dafür gibt, keine Sabotage, weil der Kapitalismus davon nicht gleich zusammenbricht.

Die Studentenbewegung zerfiel, als ihre spezifisch studentisch-kleinbürgerliche Organisationsform, das „Antiautoritäre

Lager“ sich als ungeeignet erwies, eine ihren Zielen angemessene Praxis zu entwickeln, ihre Spontaneität weder einfach in die Betriebe zu verlängern war noch in eine funktionsfähige Stadtguerilla, noch in eine sozialistische Massenorganisation. Sie zerfiel, als der Funke der Studentenbewegung — anders als in Italien und Frankreich — nicht zum Steppenbrand entfalteter Klassenkämpfe geworden war. Sie konnte die Ziele und Inhalte des antiimperialistischen Kampfes benennen — selbst nicht das revolutionäre Subjekt, konnte sie deren organisatorische Vermittlung nicht leisten.

Die Rote Armee Fraktion leugnet im Unterschied zu den proletarischen Organisationen der Neuen Linken ihre Vorgeschichte als Geschichte der Studentenbewegung nicht, die den Marxismus-Leninismus als Waffe im Klassenkampf rekonstruiert und den internationalen Kontext für den revolutionären Kampf in den Metropolen hergestellt hat.

IV. Primat der Praxis

> Wer ein bestimmtes Ding oder einen Komplex von Dingen direkt kennenlernen will, muß persönlich am praktischen Kampf zur Veränderung der Wirklichkeit, zur Veränderung des Dinges oder des Komplexes von Dingen teilnehmen, denn nur so kommt er mit der Erscheinung der betreffenden Dinge in Berührung und erst durch die persönliche Teilnahme am praktischen Kampf zur Veränderung der Wirklichkeit ist er imstande, das Wesen jenes Dinges bzw. jenes Komplexes von Dingen zu enthüllen und sie zu verstehen.
>
> Aber der Marxismus legt der Theorie darum und nur darum ernste Bedeutung bei, weil sie die Anleitung zum Handeln sein kann. Wenn man über eine richtige Theorie verfügt, sie aber nur als etwas behandelt, worüber man einmal schwätzt, um es dann in die Schublade zu legen, was man jedoch keineswegs in die Praxis umsetzt, dann wird diese Theorie, so gut sie auch sein mag, bedeutungslos.
>
> *Mao Tse Tung:* Über die Praxis

Die Zuwendung der Linken, der Sozialisten, die zugleich die Autoritäten der Studentenbewegung waren, zum Studium des wissenschaftlichen Sozialismus, die Aktualisierung der Kritik der politischen Ökonomie als ihrer Selbstkritik an der Studentenbewegung, war gleichzeitig ihre Rückkehr zu ihren studentischen Schreibtischen. Nach ihrer Papierproduktion zu urteilen, ihren Organisationsmodellen, dem Aufwand, den sie mit und in ihren Erklärungen treiben, könnte man meinen, hier beanspruchten Revolutionäre die Führung in gewaltigen Klassenkämpfen, als wäre das Jahr 1967/68 das 1905 des Sozialismus in Deutschland. Wenn Lenin 1903 in WAS TUN? das Theoriebedürfnis der russischen Arbeiter hervorhob und gegenüber Anarchisten und Sozialrevolutionären die Notwendigkeit von Klassenanalysen und Organisation und entlarvender Propaganda postulierte, dann, weil massenhafte Klassenkämpfe im Gang waren. „Das ist es ja gerade, daß die Arbeitermassen durch die Niederträchtigkeiten des russischen Lebens sehr stark aufgerüttelt werden, wir verstehen es nur nicht alle jene Tropfen und Rinnsale der Volkserregung zu sammeln und — wenn man so sagen darf — zu konzentrieren, die aus dem russischen Leben in unermeßlich größerer Menge hervorquellen, als wir alle es uns vorstellen und glauben, die aber zu einem gewaltigen Strom vereinigt werden müssen." (Lenin: Was Tun?)

Wir bezweifeln, ob es unter den gegenwärtigen Bedingungen in der Bundesrepublik und Westberlin überhaupt schon möglich ist, eine die Arbeiterklasse vereinigende Strategie zu entwikkeln, eine Organisation zu schaffen, die gleichzeitig Ausdruck und Initiator des notwendigen Vereinheitlichungsprozesses sein kann. Wir bezweifeln, daß sich das Bündnis zwischen der sozialistischen Intelligenz und dem Proletariat durch programmatische Erklärungen „schweißen", durch ihrem Anspruch nach proletarische Organisationen erzwingen läßt. Die Tropfen und Rinnsale über die Niederträchtigkeiten des deutschen Lebens sammelt bislang noch der Springer-Konzern und leitet sie neuen Niederträchtigkeiten zu.

Wir behaupten, daß ohne revolutionäre Initiative, ohne die praktische revolutionäre Intervention der Avantgarde, der sozialistischen Arbeiter und Intellektuellen, ohne den konkreten antiimperialistischen Kampf es keinen Vereinheitlichungsprozeß gibt, daß das Bündnis nur im gemeinsamen Kämpfen hergestellt wird oder nicht, in denen der bewußte Teil der Arbeiter und Intellektuellen nicht Regie zu führen, sondern voranzugehen hat.

In der Papierproduktion der Organisationen erkennen wir ihre Praxis hauptsächlich nur wieder als den Konkurrenzkampf von Intellektuellen, die sich vor einer imaginären Jury, die die Arbeiterklasse nicht sein kann, weil ihre Sprache schon deren Mitsprache ausschließt, den Rang um die bessere Marx-Rezeption ablaufen. Es ist ihnen peinlicher, bei einem falschen Marx-Zitat ertappt zu werden als bei einer Lüge, wenn von ihrer Praxis die Rede ist. Die Seitenzahlen, die sie in ihren Anmerkungen angeben, stimmen fast immer, die Mitgliederzahlen, die sie für ihre Organisationen angeben, stimmen fast nie. Sie fürchten sich vor dem Vorwurf der revolutionären Ungeduld mehr als vor ihrer Korrumpierung in bürgerlichen Berufen, mit Lukacz langfristig zu promovieren, ist ihnen wichtig, sich von Blanqui kurzfristig agitieren zu lassen, ist ihnen suspekt. Ihrem Internationalismus geben sie in Zensuren Ausdruck, mit denen sie eine palästinensische Kommandoorganisation vor der anderen auszeichnen — weiße Herren, die sich als die wahren Sachwalter des Marxismus aufspielen, bringen sie in den Umgangsformen von Mäzenatentum zum Ausdruck, indem sie befreundete Reiche im Namen der Black Panther Partei anbetteln und das, was die für ihren Ablaß zu geben bereit sind, sich selbst beim lieben Gott gutschreiben lassen — nicht den „Sieg im Volkskrieg“ im Auge, nur um ihr gutes Gewissen besorgt. Eine revolutionäre Interventionsmethode ist das nicht.

Mao stellte in seiner „Analyse der Klassen in der chinesischen Gesellschaft“ (1926) den Kampf der Revolution und den Kampf der Konterrevolution gegenüber als „das Rote Banner der Revolution hoch erhoben von der III. Internationale, die alle unterdrückten Klassen in der Welt aufruft, sich um ihr Banner zu scharen; das andere ist das Weiße Banner der Konterrevolution, erhoben vom Völkerbund, der alle Konterrevolutionäre aufruft, sich um sein Banner zu scharen.“ Mao unterschied die Klassen in der chinesischen Gesellschaft danach, wie sie sich zwischen Rotem und Weißem Banner beim Fortschreiten der Revolution in China entscheiden würden. Es genügte ihm nicht, die ökonomische Lage der verschiedenen Klassen in der Chinesischen Gesellschaft zu analysieren. Bestandteil seiner Klassenanalyse war ebenso die Einstellung der verschiedenen Klassen zur Revolution.

Eine Führungsrolle der Marxisten-Leninisten in zukünftigen Klassenkämpfen wird es nicht geben, wenn die Avantgarde selbst nicht das Rote Banner des Proletarischen Internationalismus hochhält und wenn die Avantgarde selbst die Frage nicht beantwortet, wie die Diktatur des Proletariats zu errichten sein wird, wie die politische Macht des Proletariats zu erlangen, wie die Macht der Bourgeoisie zu brechen ist und durch keine Praxis darauf vorbereitet ist sie zu beantworten. Die Klassenanalyse, die wir brauchen, ist nicht zu machen ohne revolutionäre Praxis, ohne revolutionäre Initiative.

Die „Revolutionären Übergangsforderungen", die die proletarischen Organisationen landauf landab aufgestellt haben, wie Kampf der Intensivierung der Ausbeutung, Verkürzung der Arbeitszeit, Gegen die Vergeudung von gesellschaftlichem Reichtum, gleicher Lohn für Männer und Frauen und ausländische Arbeiter, Gegen Akkordhetze etc., — diese Übergangsforderungen sind nichts, als gewerkschaftlicher Ökonomismus, solange nicht gleichzeitig die Frage beantwortet wird, wie der politische, militärische und propagandistische Druck zu brechen sein wird, der sich schon diesen Forderungen aggressiv in den Weg stellen wird, wenn sie in massenhaften Klassenkämpfen erhoben werden. Dann aber — wenn es bei ihnen bleibt — sind sie nur noch ökonomistischer Dreck, weil es sich um sie nicht lohnt, den revolutionären Kampf aufzunehmen und zum Sieg zu führen, wenn „Siegen heißt, prinzipiell akzeptieren, daß das Leben nicht das höchste Gut des Revolutionärs ist" (Debray). Mit diesen Forderungen kann man gewerkschaftlich intervenieren — „die tradeunionistische Politik der Arbeiterklasse ist aber eben bürgerliche Politik der Arbeiterklasse" (Lenin). Eine revolutionäre Interventionsmethode ist sie nicht.

Die sogen. proletarischen Organisationen unterscheiden sich, wenn sie die Frage der Bewaffnung als Antwort auf die Notstandsgesetze, die Bundeswehr, den Bundesgrenzschutz, die Polizei, die Springerpresse nicht aufwerfen, opportunistisch verschweigen, nur insoweit von der DKP, als sie noch weniger in den Massen verankert sind, als sie wortradikaler sind, als sie theoretisch mehr drauf haben. Praktisch begeben sie sich auf das Niveau von Bürgerrechtlern, die es auf Popularität um jeden Preis abgesehen haben, unterstützen sie die Lügen der Bourgeoisie, daß in diesem Staat mit den Mitteln der parlamentarischen Demokratie noch was auszurichten sei, ermutigen sie das Proletariat zu Kämpfen, die angesichts des Potentials an Gewalt in diesem Staat nur verloren werden können — auf barbarische Weise. „Diese marxistisch-leninistischen Fraktionen oder Parteien — schreibt Debray über die Kommunisten in Lateinamerika — bewegen sich innerhalb derselben politischen Fragestellungen, wie sie von der Bourgeoisie beherrscht werden. Anstatt sie zu verändern, haben sie dazu beigetragen, sie noch fester zu verankern . . .“

Den tausenden von Lehrlingen und Jugendlichen, die aus ihrer Politisierung während der Studentenbewegung erstmal den Schluß gezogen haben, sich dem Ausbeutungsdruck im Betrieb zu entziehen, bieten diese Organisationen keine politische Perspektive mit dem Vorschlag, sich dem kapitalistischen Ausbeutungsdruck erstmal wieder anzupassen. Gegenüber der Jugendkriminalität nehmen sie praktisch den Standpunkt von Gefängnisdirektoren ein, gegenüber den Genossen im Knast den Standpunkt ihrer Richter, gegenüber dem Untergrund den Standpunkt von Sozialarbeitern.

Praxislos ist die Lektüre von Kapital nichts als bürgerliches Studium. Praxislos sind programmatische Erklärungen nur Geschwätz. Praxislos ist proletarischer Internationalismus nur Angeberei. Theoretisch den Standpunkt des Proletariats einnehmen, heißt ihn praktisch einnehmen.

Die Rote Armee Fraktion redet vom Primat der Praxis. Ob es richtig ist, den bewaffneten Widerstand jetzt zu organisieren, hängt davon ab, ob es möglich ist, ihn nur praktisch zu ermitteln.

V. Stadtguerilla

Somit muß man von seinem Wesen her, aus einer langen Perspektive in strategischer Hinsicht, den Im-

> perialismus und alle Reaktionäre als das betrachten, was sie in Wirklichkeit sind: als Papiertiger. Darauf müssen wir unser strategisches Denken gründen. Andererseits sind sie aber wiederum lebendige eisenharte wirkliche Tiger, die Menschen fressen. Darauf müssen wir unser taktisches Denken gründen.
>
> 1. 12. 58 *Mao Tse Tung*

Wenn es richtig ist, daß der amerikanische Imperialismus ein Papiertiger ist, d. h., daß er letzten Endes besiegt werden kann; und wenn die These der chinesischen Kommunisten richtig ist, daß der Sieg über den amerikanischen Imperialismus dadurch möglich geworden ist, daß an allen Ecken und Enden der Welt der Kampf gegen ihn geführt wird, so daß dadurch die Kräfte des Imperialismus zersplittert werden und durch ihre Zersplitterung schlagbar werden — wenn das richtig ist, dann gibt es keinen Grund, irgend ein Land und irgend eine Region aus dem antiimperialistischen Kampf deswegen auszuschließen oder auszuklammern, weil die Kräfte der Revolution dort besonders schwach, weil die Kräfte der Reaktion dort besonders stark sind.

Wie es falsch ist, die Kräfte der Revolution zu entmutigen, indem man sie unterschätzt, ist es falsch, ihnen Auseinandersetzungen vorzuschlagen, in denen sie nur verheizt und kaputtgemacht werden können. Der Widerspruch zwischen den ehrlichen Genossen in den Organisationen — lassen wir die Schwätzer mal raus — und der Roten Armee Fraktion ist der, daß wir ihnen vorwerfen, die Kräfte der Revolution zu entmutigen und sie uns verdächtigen, wir würden die Kräfte der Revolution verheizen. Daß damit die Richtung angegeben wird, in der die Fraktion der in Betrieben und Stadtteilen arbeitenden Genossen und die Rote Armee Fraktion den Bogen überspannen, wenn sie ihn überspannen, entspricht der Wahrheit. Dogmatismus und Abenteuertum sind seit je die charakteristischen Abweichungen in Perioden der Schwäche der Revolution in einem Land. Da seit je die Anarchisten die schärfsten Kritiker des Opportunismus waren, setzt sich dem Anarchismus-Vorwurf aus, wer die Opportunisten kritisiert. Das ist gewissermaßen ein alter Hut.

Das Konzept Stadtguerilla stammt aus Lateinamerika. Es ist dort, was es auch hier nur sein kann: Die revolutionäre Interventionsmethode von insgesamt schwachen revolutionären Kräften.

Stadtguerilla geht davon aus, daß es die preußische Marschordnung nicht geben wird, in der viele sogen. Revolutionäre das Volk in den revolutionären Kampf führen möchten. Geht davon aus, daß dann, wenn die Situation reif sein wird für den bewaffneten Kampf, es zu spät sein wird, ihn erst vorzubereiten. Daß es ohne revolutionäre Initiative in einem Land, dessen Potential an Gewalt so groß, dessen revolutionäre Traditionen so kaputt und so schwach sind wie in der Bundesrepublik auch dann keine revolutionäre Orientierung geben wird, wenn die Bedingungen für den revolutionären Kampf günstiger sein werden als sie es jetzt schon sind — aufgrund der politischen und ökonomischen Entwicklung des Spätkapitalismus selbst.

Stadtguerilla ist insofern die Konsequenz aus der längst vollzogenen Negation der parlamentarischen Demokratie durch ihre Repräsentanten selbst, die Antwort als der unvermeidlichen auf Notstandsgesetze und Handgranatengesetz, die Bereitschaft, mit den Mitteln zu kämpfen, die das System für sich bereitgestellt hat, um seine Gegner auszuschalten. Stadtguerilla basiert auf der Anerkennung von Tatsachen, statt der Apologie von Tatsachen.

Was Stadtguerilla machen kann, hat die Studentenbewegung teilweise schon gewußt. Sie kann die Agitation und Propaganda, worauf linke Arbeit noch reduziert ist, konkret machen. Das kann man sich für die Springerkampagne von damals vorstellen und für die Cabora Bassa Kampagne der Heidelberger Studenten, für die Hausbesetzungen in Frankfurt, in Bezug auf die Militärhilfen, die die Bundesrepublik den Kompradores-Regimes in Afrika gibt, in Bezug auf die Kritik am Strafvollzug und an der Klassenjustiz, am Werkschutz und innerbetrieblicher Justiz. Sie kann den verbalen Internationalismus konkretisieren als die Beschaffung von Waffen und Geld. Sie kann die Waffe des Systems, die Illegalisierung von Kommunisten stumpf machen, indem sie einen Untergrund organisiert, der dem Zugriff der Polizei entzogen bleibt. Stadtguerilla ist eine Waffe im Klassenkampf.

Stadtguerilla ist bewaffneter Kampf, insofern es die Polizei ist, die rücksichtslos von der Schußwaffe Gebrauch macht und die Klassenjustiz, die Kurras freispricht und die Genossen lebendig begräbt, wenn wir sie nicht daran hindern. Stadtguerilla heißt, sich von der Gewalt des Systems nicht demoralisieren lassen.

Stadtguerilla zielt darauf, den staatlichen Herrschaftsapparat an einzelnen Punkten zu destruieren, stellenweise außer Kraft zu setzen, den Mythos von der Allgegenwart des Systems und seiner Unverletzbarkeit zu zerstören.

Stadtguerilla setzt die Organisierung eines illegalen Apparates voraus, das sind Wohnungen, Waffen, Munition, Autos, Papiere. Was dabei im Einzelnen zu beachten ist, hat Marighela in seinem „Minihandbuch der Stadtguerilla" beschrieben. Was dabei noch zu beachten ist, sind wir jederzeit jedem bereit zu sagen, der es wissen muß, wenn er es machen will. Wir wissen noch nicht viel, aber schon einiges.

Wichtig ist, daß man, bevor man sich entschließt bewaffnet zu kämpfen, legale politische Erfahrungen gemacht hat. Wo der Anschluß an die revolutionäre Linke auch noch einem modischen Bedürfnis entspricht, schließt man sich besser nur da an, von wo man wieder zurück kann.

Rote Armee Fraktion und Stadtguerilla sind diejenige Fraktion und Praxis, die, indem sie einen klaren Trennungsstrich zwischen sich und dem Feind ziehen, am schärfsten bekämpft werden. Das setzt politische Identität voraus, das setzt voraus, daß einige Lernprozesse schon gelaufen sind.

Unser ursprüngliches Organisationskonzept beinhaltete die Verbindung von Stadtguerilla und Basisarbeit. Wir wollten, daß jeder von uns gleichzeitig im Stadtteil oder im Betrieb in den dort bestehenden sozialistischen Gruppen mitarbeitet, den Diskussionsprozeß mit beeinflußt, Erfahrungen macht, lernt. Es hat sich gezeigt, daß das nicht geht. Daß die Kontrolle, die die politische Polizei über diese Gruppen hat, ihre Treffen, ihre Termine, ihre Diskussionsinhalte schon jetzt so weit reicht, daß man dort nicht sein kann, wenn man auch noch unkontrolliert sein will. Daß der einzelne die legale Arbeit nicht mit der illegalen verbinden kann.

Stadtguerilla setzt voraus, sich über seine eigene Motivation im klaren zu sein, sicher zu sein, daß BILD-Zeitungsmethoden bei einem nicht mehr verfangen, daß das Antisemitismus-Kriminellen-Untermenschen-Mord- & Brand-Syndrom, das sie auf Revolutionäre anwenden, die ganze Scheiße, die nur die abzusondern und zu artikulieren imstande sind und die immer noch viele Genossen in ihrem Urteil über uns beeinflußt, daß einen die nicht trifft.

Denn natürlich überläßt uns das System nicht das Terrain und es gibt kein Mittel — auch keins der Verleumdung — das sie nicht gegen uns anzuwenden entschlossen wären.

Und es gibt keine Öffentlichkeit, die ein anderes Ziel hätte, als die Interessen des Kapitals auf die eine oder andere Art wahrzunehmen, und es gibt noch keine sozialistische Öffentlichkeit, die über sich selbst, ihre Zirkel, ihren Handvertrieb, ihre Abonnenten hinausreichte, die sich nicht noch hauptsächlich in zufälligen, privaten, persönlichen, bürgerlichen Umgangsformen abspielte. Es gibt keine Publikationsmittel, die nicht vom Kapital kontrolliert würden, über das Abzeigengeschäft, über den Ehrgeiz der Schreiber, sich in das ganz große Establishment reinzuschreiben, über die Rundfunkräte, über die Konzentration auf dem Pressemarkt. Herrschende Öffentlichkeit ist die Öffentlichkeit der Herrschenden, in Marktlücken aufgeteilt, schichtenspezifische Ideologie entwickelnd, was sie verbreiten, steht im Dienst ihrer Selbstbehauptung auf dem Markt. Die journalistische Kategorie heißt: Verkauf. Die Nachricht als Ware, die Information als Konsum. Was nicht konsumierbar ist, muß sie *ankotzen.* Leserblattbindung bei den anzeigenintensiven Publikationsmitteln, ifas-Punktsysteme beim Fernsehen — das kann keine Widersprüche zwischen sich und dem Publikum aufkommen lassen, keine antagonistischen, keine mit Folgen. Den Anschluß an den mächtigsten Meinungsbildner am Markt muß halten, wer sich am Markt halten will;

d. h., die Abhängigkeit vom Springerkonzern wächst in dem Maße als der Springerkonzern wächst, der angefangen hat, auch die Lokalpresse einzukaufen. Die Stadtguerilla hat von dieser Öffentlichkeit nichts anderes zu erwarten als erbitterte Feindschaft. An marxistischer Kritik und Selbstkritik hat sie sich zu orientieren, an sonst nichts. *„Wer keine Angst vor Vierteilung hat, wagt es den Kaiser vom Pferd zu zerren"*, *sagt Mao dazu.*

Langfristigkeit und Kleinarbeit sind Postulate, die für die Stadtguerilla erst recht gelten, insofern wir nicht nur davon reden sondern auch danach handeln. Ohne den Rückzug in bürgerliche Berufe offen zu halten, ohne die Revolution nochmal an den Nagel im Reihenhaus hängen zu können, ohne also auch das zu wollen, als mit dem Pathos, das Blanqui ausgedrückt hat: *„Die Pflicht eines Revolutionärs ist, immer zu kämpfen, trotzdem zu kämpfen, bis zum Tod zu kämpfen."*

Es gibt keinen revolutionären Kampf und hat noch keinen gegeben, dessen Moral nicht diese gewesen wäre: Rußland, China, Kuba, Algerien, Palästina, Vietnam.

Manche sagen, die politischen Möglichkeiten der Organisierung, der Agitation, der Propaganda seien noch längst nicht erschöpft, aber erst dann, wenn sie erschöpft seien, könnte man die Frage der Bewaffnung aufwerfen. Wir sagen: Die politischen Möglichkeiten werden so lange nicht wirklich ausgenutzt werden können, so lange das Ziel, der bewaffnete Kampf, nicht als das Ziel der Politisierung zu erkennen ist, so lange die strategische Bestimmung, daß alle Reaktionäre Papiertiger sind, nicht hinter der taktischen Bestimmung, daß sie Verbrecher, Mörder, Ausbeuter sind, zu erkennen ist.

Von „bewaffneter Propaganda" werden wir nicht reden, sondern werden sie machen. Die Gefangenenbefreiung lief nicht aus propagandistischen Gründen, sondern um den Typ rauszuholen. Banküberfälle, wie man sie uns in die Schuhe zu schieben versucht, würden auch wir nur machen, um Geld aufzureißen. Die „glänzenden Erfolge", von denen Mao sagt, daß wir sie erzielt haben müssen, „wenn der Feind uns in den schwärzesten Farben malt", sind nur bedingt unsere eigenen

Erfolge. Das große Geschrei, das über uns angestimmt worden ist, verdanken wir mehr den lateinamerikanischen Genossen, aufgrund des klaren Trennungsstrichs zwischen sich und dem Feind, den die schon gezogen haben, so daß die Herrschenden hier uns wegen des Verdachts von ein paar Banküberfällen so „energisch entgegentreten", als gäbe es schon was aufzubauen wir angefangen haben die Stadtguerilla der Roten Armee Fraktion.

VI. Legalität und Illegalität

> Die Revolution im Westen, die Herausforderung der kapitalistischen Macht in den Hochburgen ist das Gebot der Stunde. Sie ist von entscheidender Bedeutung. Die derzeitige Weltsituation kennt keinen Ort und keine Kräfte, die in der Lage wären, eine friedliche Entwicklung und eine demokratische Stabilisierung zu garantieren. Die Krise spitzt sich tendenziell zu. Sich jetzt provinzialistisch abzukapseln oder den Kampf auf später zu verschieben bedeutet, man wird in den Strudel des umfassenden Niedergangs hineingerissen. Il Manifesto. Aus These 55

Die Parole der Anarchisten, „Macht kaputt, was Euch kaputt macht", zielt auf die direkte Mobilisierung der Basis, der Jugendlichen in Gefängnissen und Heimen, in Schulen und in der Ausbildung, richtet sich an die, denen es am dreckigsten geht, zielt auf spontanes Verständnis, ist die Aufforderung zum direkten Widerstand. Die Black-Power-Parole von Stokely Carmichel: „Trust your own experience!" meinte eben das. Die Parole geht von der Einsicht aus, daß es im Kapitalismus nichts, aber auch nichts gibt, das einen bedrückt, quält, hindert, belastet, was seinen Ursprung nicht in den kapitalistischen Produktionsverhältnissen hätte, daß jeder Unterdrücker, in welcher Gestalt auch immer er auftritt, ein Vertreter des Klasseninteresses des Kapitals ist, das heißt: Klassenfeind.

Insofern ist die Parole der Anarchisten richtig, proletarisch, klassenkämpferisch. Sie ist falsch, soweit sie das falsche Bewußtsein vermittelt, man brauchte bloß zuzuschlagen, denen in die Fresse zu schlagen, Organisierung sei zweitrangig, Disziplin bürgerlich, die Klassenanalyse überflüssig. Schutzlos der verschärften Repression, die auf ihre Aktionen folgt, ausgesetzt, ohne die Dialektik von Legalität und Illegalität organisatorisch beachtet zu haben, werden sie legal verhaftet. Der Satz einiger Organisationen „Kommunisten sind nicht so einfältig, sich selbst zu illegalisieren" redet der Klassenjustiz zum Munde, sonst niemandem. Soweit er besagt, daß die legalen Möglichkeiten kommunistischer Agitation und Propaganda, von Organisierung, von politischem und ökonomischem Kampf unbedingt genutzt werden müssen und nicht leichtfertig aufs Spiel gesetzt werden dürfen, ist er richtig — aber das beinhaltet er ja gar nicht. Er beinhaltet, daß die Grenzen, die der Klassenstaat und seine Justiz der sozialistischen Arbeit setzen, ausreichen, um alle Möglichkeiten auszunutzen, daß man sich an die Begrenzungen zu halten hat, daß vor den illegalen Übergriffen dieses Staates, da sie ja allemal legalisiert werden, unbedingt zurückzuweichen ist — Legalität um jeden Preis. Illegale Inhaftierung, Terrorurteile, Übergriffe der Polizei, Erpressung und Nötigung durch den Staatsanwalt — Friß Vogel oder stirb, Kommunisten sind nicht so einfältig . . .

Er ist opportunistisch. Er ist unsolidarisch. Er schreibt die Genossen im Knast ab, er schließt die Organisierung und Politisierung all derer aus der Sozialistischen Bewegung aus, die aufgrund ihrer sozialen Herkunft und Lage nicht anders als kriminell überleben können: Den Untergrund, das Subproletariat, unzählige proletarische jugendliche Gastarbeiter. Er dient der theoretischen Kriminalisierung all derer, die sich den Organisationen nicht anschließen. Er ist ihr Bündnis mit der Klassenjustiz. Er ist dumm.

Legalität ist eine Machtfrage. Das Verhältnis von Legalität und Illegalität ist an dem Widerspruch von reformistischer und faschistischer Herrschaftsausübung zu bestimmen, deren Bonner Repräsentanten gegenwärtig die sozial/liberale Koalition hier, Barzel/Strauß da sind, deren publizistische Repräsentanten z. B. die Süddeutsche Zeitung, der Stern, das Dritte Programm des WDR und des SFB, die Frankfurter Rundschau hier sind, der Springerkonzern, der Sender Freies Berlin, das Zweite Deutsche Fernsehen, der Bayernkurier da, deren Polizei die Münchner Linie hier, das Berliner Modell da ist, deren Justiz das Bundesverwaltungsgericht hier, der Bundesgerichtshof da ist.

Die reformistische Linie zielt darauf, Konflikte zu vermeiden, durch Institutionalisierung (Mitbestimmung), durch Reformversprechen (im Strafvollzug z. B.), indem sie überalterten Konfliktstoff ausräumt (der Kniefall des Kanzlers in Polen z. B.), indem sie Provokationen vermeidet (die weiche Linie der Münchner Polizei und des Bundesverwaltungsgerichts in Berlin z. B.), durch die verbale Anerkennung von Mißständen (in der öffentlichen Erziehung in Hessen und Berlin z. B.). Es gehört zur konfliktvermeidenden Taktik des Reformismus, sich etwas innerhalb und etwas weniger außerhalb der Legalität zu bewegen, das gibt ihm den Schein von Legitimation, von Grundgesetz unterm Arm, das zielt auf Integration von Widersprüchen, das läßt linke Kritik totlaufen, leerlaufen, das will die Jungsozialisten in der SPD behalten. Daß die reformistische Linie im Sinn von langfristiger Stabilisierung kapitalistischer Herrschaft die effektivere Linie ist, wird nicht bezweifelt, nur ist sie an bestimmte Voraussetzungen gebunden. Sie setzt wirtschaftliche Prosperität voraus, weil die weiche Linie der Münchner Polizei z. B. sehr viel kostspieliger ist als die harte Tour der Berliner — wie es der Münchner Polizeipräsident sinnfällig dargetan hat: „Zwei Beamte mit Maschinengewehr können 1000 Leute in Schach halten, 100 Beamte mit Gummiknüppeln können 1000 Leute in Schach halten. Ohne derartige Instrumente benötigt man 300 bis 400 Polizeibeamte.“ Die reformistische Linie setzt die nicht bis gar nicht organisierte antikapitalistische Opposition voraus — wie man ebenfalls vom Beispiel Münchens her weiß.

Unter dem Deckmantel des politischen Reformismus nimmt im übrigen die Monopolisierung von staatlicher und wirtschaftlicher Macht zu, was Schiller mit seiner Wirtschaftspolitik betreibt und Strauß mit seiner Finanzreform durchgesetzt hat — die Verschärfung der Ausbeutung durch Arbeitsintensivierung und Arbeitsteilung im Bereich der Produktion, durch langfristige Rationalisierungsmaßnahmen im Bereich der Verwaltung und der Dienstleistungen.

Daß die Akkumulation von Gewalt in den Händen weniger widerstandsloser funktioniert, wenn man sie geräuschloser durchführt, wenn man dabei unnötige Provokationen vermeidet, die unkontrollierbare Solidarisierungsprozesse zur Folge haben können — das hat man aus der Studentenbewegung und dem Mai in Paris gelernt. Deshalb werden die Roten Zellen noch nicht verboten, deshalb wurde die KP als DKP — ohne Aufhebung des KP-Verbots — zugelassen, deshalb gibt es noch liberale Fernsehsendungen und deshalb können es sich einige Organisationen noch leisten, sich nicht für so einfältig zu halten, wie sie es sind.

Der Legalitätsspielraum, den Reformismus bietet, ist die Antwort des Kapitals auf die Attacken der Studentenbewegung und der Apo — solange man sich die reformistische Antwort leisten kann, ist sie die effektivere. Auf diese Legalität setzen, sich auf sie verlassen, sie metaphysisch zu verlängern, sie statistisch hochrechnen, sie nur verteidigen wollen, heißt, die Fehler der Strategie der Selbstverteidigungszonen in Lateinamerika wiederholen, nichts gelernt zu haben, der Reaktion Zeit lassen, sich zu formieren, zu reorganisieren, bis sie die Linke nicht illegalisiert, sondern zerschlägt.

Willy Weyer macht eben nicht auf Toleranz, sondern macht Manöver und setzt der Kritik der Liberalen Presse, daß er mit seinen Alkoholkontrollen alle Autofahrer zu potenziellen Straftätern macht nur frech entgegen: „Wir machen weiter!" — womit er der liberalen Öffentlichkeit ihre Bedeutungslosigkeit nachweist. Eduard Zimmermann macht ein ganzes Volk zu Polizisten, der Springerkonzern hat die Berliner Polizeiführung gemacht, BZ-Kolumnist Reer schreibt den Berliner Haftrichtern die Haftbefehle vor. Die Massenmobilisierung im Sinn des Faschismus, von Durchgreifen, von Todesstrafe, von Schlagkraft, von Einsatz findet statt — der New Look, den die Brandt/Heinemann/Scheel-Administration der Politik in Bonn gegeben hat, ist die Fassade dazu.

Die Genossen, die mit der Frage von Legalität und Illegalität so oberflächlich umgehen, haben offenbar auch die Amnestie in den falschen Hals gekriegt, mit der der Studentenbewegung noch nachträglich der Zahn gezogen worden ist. Indem man die Kriminalisierung hunderter von Studenten aufhob, kamen diese mit dem Schrecken davon, wurde weiterer Radikalisierung vorgebeugt, wurden sie energisch daran erinnert, was die Privilegien bürgerlichen Studentenseins wert sind, trotz Wissenschaftsfabrik Universität, der soziale Aufstieg. So wurde die Klassenschranke zwischen ihnen und dem Proletariat wieder aufgerichtet, zwischen ihrem privilegierten Alltag als Studium und dem Alltag des Akkordarbeiters, der Akkordarbeiterin, die nicht amnestiert wurden vom gleichen Klassenfeind. So blieb einmal mehr die Theorie von der Praxis getrennt. Die Rechnung: Amnestie gleich Befriedung ging auf.

Die sozialdemokratische Wählerinitiative von einigen honorablen Schriftstellern — nicht nur dem abgefuckten Grass — als Versuch positiver, demokratischer Mobilisierung, als Abwehr also von Faschismus gemeint und deshalb zu beachten, verwechselt die Wirklichkeit von einigen Verlagen und Redaktionen in Funk- und Fernsehanstalten, die der Rationalität der Monopole noch nicht unterworfen sind, die als Überbau nachhinken, mit dem ganzen der politischen Wirklichkeit. Die Bereiche verschärfter Repression sind nicht die, mit denen ein Schriftsteller es zuerst zu tun hat: Gefängnisse, Klassenjustiz, Akkordhetze, Arbeitsunfälle, Konsum auf Raten, Schule, Bild und BZ, die Wohnkasernen der Vorstädte, Ausländerghettos — das alles kriegen Schriftsteller höchstens ästhetisch mit, politisch nicht.

Legalität ist die Ideologie des Parlamentarismus, der Sozialpartnerschaft, der pluralistischen Gesellschaft. Sie wird zum Fetisch, wenn die, die darauf pochen, ignorieren, daß Telefone legal abgehört werden, Post legal kontrolliert, Nachbarn legal befragt, Denunzianten legal bezahlt, daß legal observiert wird — daß die Organisierung von politischer Arbeit, wenn sie dem Zugriff der politischen Polizei nicht permanent ausgesetzt sein will, gleichzeitig legal und illegal zu sein hat.

Wir setzen nicht auf die spontane antifaschistische Mobilisierung durch Terror und Faschismus selbst und halten Legalität nicht nur für Korrumpierung und wissen, daß unsere Arbeit Vorwände liefert, wie der Alkohol für Willy Weyer und die steigende Kriminalität für Strauß und die Ostpolitik für Barzel und das Rotlicht an der Ampel, das der Jugoslawe überfuhr, für die Frankfurter Taxifahrer und der Griff in die Tasche für den Mörder des Autodiebs in Berlin. Und für noch mehr Vorwand, weil wir Kommunisten sind und es davon, ob die Kommunisten sich organisieren und kämpfen abhängt, ob Terror und Repression nur Angst und Resignation bewirken oder Widerstand und Klassenhaß und Solidarität provozieren, ob das hier alles so glatt im Sinn des Imperialismus über die Bühne geht oder nicht. Weil es davon abhängt, ob die Kommunisten so einfältig sind, alles mit sich machen zu lassen oder die Legalität u. a. dazu benutzen, die Illegalität zu organisieren, statt das eine vor dem anderen zu fetischisieren.

Das Schicksal der Black Panther Partei und das Schicksal der Gauche Proletarienne dürfte auf jener Fehleinschätzung basieren, die den tatsächlichen Widerspruch zwischen Verfassung und Verfassungswirklichkeit nicht realisiert und dessen Verschärfung, wenn Widerstand organisiert in Erscheinung tritt. Die nicht realisiert, daß sich die Bedingungen der Legalität durch aktiven Widerstand notwendigerweise verändern und daß es deshalb notwendig ist, die Legalität gleichzeitig für den politischen Kampf und für die Organisierung von Illegalität auszunutzen und daß es falsch ist, auf die Illegalisierung als Schicksalsschlag durch das System zu warten, weil Illegalisierung dann gleich Zerschlagung ist und das dann die Rechnung ist, die aufgeht.

Die Rote Armee Fraktion organisiert die Illegalität als Offensiv-Position für revolutionäre Intervention.

Stadtguerilla machen heißt den antiimperialistischen Kampf offensiv führen. Die Rote Armee Fraktion stellt die Verbindung her zwischen legalem und illegalem Kampf, zwischen nationalem und internationalem Kampf, zwischen politischem und bewaffnetem Kampf, zwischen der strategischen und der taktischen Bestimmung der internationalen kommunistischen Bewegung.

Stadtguerilla heißt, trotz der Schwäche der revolutionären Kräfte in der Bundesrepublik und Westberlin hier und jetzt revolutionär intervenieren!

Entweder sie sind ein Teil des Problems oder sie sind ein Teil der Lösung, dazwischen gibt es nichts. Die Scheiße ist seit Dekaden und Generationen von allen Seiten untersucht und begutachtet worden. Ich bin lediglich der Meinung, daß das meiste, was in diesem Land vor sich geht, nicht länger analysiert zu werden braucht, sagt cleaver

5. Grundsatzerklärung der Deutschen Kommunistischen Partei (DKP) vom 12./13. April 1969 einschl. des verabschiedeten Aktionsprogramms

Soziale, politische und geistige Bewegungen verändern heute wie nie zuvor die Welt. Die Arbeiterklasse und ihre Verbündeten siegten auf einem Drittel der Erde und bauen eine neue Gesellschaftsordnung auf. Ganze Kontinente stehen im Befreiungskampf gegen Kolonialismus und Neokolonialismus. In den kapitalistischen Industriestaaten drängen die arbeitenden Menschen, die junge Generation nach neuen, demokratischen und gerechten Lebensformen.

Der Marxismus wurde zur führenden geistigen Kraft unserer Zeit. Die sozialistischen Länder, die internationale Arbeiterklasse, die Kräfte, die gegen den Imperialismus kämpfen, prägen unser Jahrhundert — die Epoche des Übergangs vom Kapitalismus zum Sozialismus. Weltweit ist der Kampf zwischen demokratischem Fortschritt und imperialistischer Reaktion, zwischen den Kräften des Friedens und des Krieges, zwischen Arbeit und Kapital, zwischen Sozialismus und Imperialismus.

Diese Auseinandersetzung der Klassen geht mitten durch die Gesellschaft der Bundesrepublik. Zugleich vollzieht sie sich im Kampf der beiden Gesellschaftsordnungen auf deutschem Boden. In der Bundesrepublik herrschen die alten reaktionären Kräfte, ist das arbeitende Volk an der wirtschaftlichen und politischen Macht ausgeschlossen. In der Deutschen Demokratischen Republik wurden die Lehren zweier vom deutschen Imperialismus ausgelösten Kriegskatastrophen gezogen. Dort haben die Arbeiter im Bündnis mit den anderen Werktätigen ihre eigene politische Macht errichtet und unter Bewältigung großer Schwierigkeiten die Grundlagen der sozialistischen Gesellschaft aufgebaut.

Die Deutsche Kommunistische Partei wirkt als marxistische Partei der Arbeiterklasse in der Bundesrepublik. Die Tätigkeit der DKP gründet sich auf die Lehre von Marx, Engels und Lenin, auf den wissenschaftlichen Sozialismus, der auf die Veränderung der Welt gerichtet ist. Die DKP kämpft dafür, daß das arbeitende Volk die führende Rolle in Staat und Gesellschaft erlangt.

Die Deutsche Kommunistische Partei setzt sich entschieden für die Arbeitereinheit und den Zusammenschluß aller fortschrittlichen Kräfte ein. Sie wirkt als bewußtseinsbildende Kraft in der arbeitenden Bevölkerung, in der Jugend. Sie erstrebt den Sozialismus.

Für die Deutsche Kommunistische Partei ist das Bekenntnis zu den revolutionären Traditionen der Arbeiterbewegung Verpflichtung zum Handeln. In ihr leben die Ideen des Kommunistischen Manifestes, das Werk von Karl Marx und Friedrich Engels, von August Bebel und Wilhelm Liebknecht. Die Deutsche Kommunistische Partei führt den antiimperialistischen und antifaschistischen Kampf von Karl Liebknecht, Rosa Luxemburg, Ernst Thälmann und Zehntausenden Kommunisten und Sozialisten, Demokraten und Christen fort, die im Widerstand gegen Reaktion und Nazidiktatur ihr Leben gaben.

Die Deutsche Kommunistische Partei geleitet vom Gegenwarts- und Zukunftsinteresse der Arbeiterklasse der Bundesrepublik, fühlt sich eng mit der Arbeiterklasse der Deutschen Demokratischen Republik und ihrer Partei, der Sozialistischen Einheitspartei Deutschlands, sowie mit der Sozialistischen Einheitspartei West-Berlins verbunden.

Die Deutsche Kommunistische Partei ist Teil der Arbeiterklasse unseres Landes und der internationalen Arbeiterbewegung. Wir setzen uns für die Belange der westdeutschen Arbeiter und damit für die wahren Interessen der deutschen Nation ein. Zugleich sind wir Internationalisten, kämpfen wir für das brüderliche Zusammenwirken der Arbeiter aller Länder. Gemeinsam mit den Kommunisten der Sowjetunion und der anderen sozialistischen Staaten, mit den Kommunisten in den kapitalistischen Ländern stehen wir auf der Seite der weltumspannenden Bewegung, der die Zukunft gehört. Wir üben Solidarität mit allen Völkern, die gegen imperialistische Unterdrückung, koloniale Abhängigkeit und faschistische Regime, für ihre Unabhängigkeit, für Demokratie und Sozialismus kämpfen.

1. Machtverhältnisse und Lage des arbeitenden Volkes in der Bundesrepublik

Die Bundesrepublik ist ein hochindustrialisiertes Land mit fortgeschrittener Technik und hoher Arbeitsproduktivität. In den Fabriken, Labors und Büros, in Landwirtschaft, Handwerk und Gewerbe werden von Arbeitern und Angestellten, Wissenschaftlern und Technikern, Bauern und Handwerkern große Werte geschaffen.

Doch der Reichtum, den sie produzieren, konzentriert sich zunehmend in den Händen einer kleinen Schicht von Konzernherren. Die Eigentümer der entscheidenden Produktionsmittel, der großen Unternehmen und Banken, werden immer reicher und mächtiger. Sie sind die Nutznießer der Arbeit vieler Millionen Menschen. Wie in der Vergangenheit verdienen sie auch heute wieder an Rüstung und Kriegsvorbereitung. Die wirtschaftliche Macht ist die Grundlage ihrer politischen und geistigen Herrschaft über die Bundesrepublik. Ihre Profitinteressen sind unvereinbar mit den Lebensinteressen des Volkes.

Die abenteuerliche Großmachtpolitik

Die furchtbaren Folgen des vom Hitlerfaschismus ausgelösten Krieges sind bei vielen Menschen nicht vergessen. Unser Volk braucht eine Politik, die die Gefahr bannt, daß noch einmal ein Krieg von deutschem Boden seinen Ausgang nimmt.

Wie im Osten, so waren auch im Westen Deutschlands 1945 Sozialdemokraten, Kommunisten, Gewerkschafter und Demokraten gewillt, die Verantwortlichen für Faschismus und Krieg zu entmachten und damit eine friedliche und demokratische Entwicklung in ganz Deutschland herbeizuführen. Aber um ihren Besitz, ihre Macht und ihre Privilegien zu retten, verbanden sich das Großkapital und seine führende Partei, die CDU/CSU, mit den Westmächten und spalteten Deutschland. Dabei fanden sie die Unterstützung vom Antikommunismus verblendeter SPD-Führer, die das einheitliche Vorgehen der Arbeiterklasse und aller Antifaschisten in den Westzonen verhinderten.

Weil die reaktionären Kreise kein geeintes, demokratisches und in seiner Rüstung begrenztes Deutschland wollten, lehnten sie alle Vorschläge der friedliebenden Kräfte der Bundesrepublik, der DDR und der Sowjetunion für einen deutschen Friedensvertrag und für eine gesamtdeutsche Verfassung ab. Im Bewußtsein der Folgen gingen sie den Weg der einseitigen Bindung an die Westmächte, der Remilitarisierung und des Anschlusses an die NATO. Mit der „Politik der Stärke" wollten die Adenauer-Regierungen die DDR „befreien" und die Grenzen von 1937 wiederherstellen. Dieser Kurs mußte am Kräfteverhältnis in Europa und der Welt scheitern.

Das internationale Kräfteverhältnis hat sich in den letzten Jahrzehnten zugunsten der sozialistischen und antiimperialistischen Kräfte verändert. Die Sowjetunion und die anderen sozialistischen Länder erringen im wirtschaftlichen Aufbau, in Wissenschaft und Technik bedeutende Erfolge. Sie erhöhen ihr weltpolitisches Gewicht. Die antiimperialistische Befreiungsbewegung hat, gestützt auf die sozialistischen Staaten und die internationale Arbeiterbewegung, das Kolonialsystem des Imperialismus zerbrochen. Das Anwachsen der sozialistischen und antiimperialistischen Kräfte geht nicht gradlinig, nicht ohne zeitweilige Rückschläge an einzelnen Punkten vor sich. Aber das ändert nichts an der grundlegenden Entwicklungsrichtung unserer Zeit. Die Imperialisten fürchten den weiteren Vormarsch der fortschrittlichen Kräfte. Deshalb verstärken sie ihre Anstrengungen, das Rad der Geschichte zurückzudrehen. Jedes Mittel ist ihnen dabei recht — von der militärischen Aggression über reaktionäre Putsche, die Unterstützung faschistischer Diktaturen, die Bemühungen, die jungen Nationalstaaten in neokolonialistischer Abhängigkeit zu halten, bis zum Versuch, die sozialistischen Länder wirtschaftlich und ideologisch zu unterminieren.

Das verschärft die internationale Lage, die Auseinandersetzung zwischen Imperialismus und Sozialismus. Neben dem

USA-Imperialismus spielen die herrschenden Kreise der Bundesrepublik bei der Verschärfung der Spannungen in Europa die entscheidende Rolle.

Wie die früheren Pläne, den Sozialismus zurückzurollen, werden auch die heutigen imperialistischen Bestrebungen zur Schwächung und Spaltung der sozialistischen Staatengemeinschaft scheitern. Besessen vom Profit- und Machtstreben haben die herrschenden Kreise der Bundesrepublik weder aus zwei Weltkriegen noch aus dem veränderten internationalen Kräfteverhältnis Lehren gezogen. Sie sind noch immer nicht bereit, die politischen Realitäten in Europa, den territorialen Status quo, die bestehenden Grenzen anzuerkennen. Sie erhalten den Alleinvertretungsanspruch aufrecht und weigern sich, die DDR als souveränen, gleichberechtigten Staat deutscher Nation anzuerkennen. Das ist die Hauptursache der Spannungen auf deutschem Boden. Diese Politik verhindert das friedliche Neben- und Miteinanderleben der beiden deutschen Staaten.

Im Interesse ihrer eigenen friedensgefährdenden Ziele binden die herrschenden Kreise unser Land an die weltweite imperialistische Strategie der USA. Sie unterstützen den Angriffskrieg der USA gegen das vietnamesische Volk und helfen den reaktionären, faschistischen Regimen in aller Welt. Wie die Regierungen Adenauer und Erhard, so sucht auch die Regierung der Großen Koalition ihre aggressiven außenpolitischen Absichten zu verwirklichen — durch eine militärische Hochrüstung, durch den Drang nach Mitverfügung über Atomwaffen, nach führenden Positionen in der NATO und EWG, durch das Streben nach Vorherrschaft in Westeuropa sowie durch eine nationalistische Vergiftung der Bevölkerung. Die sogenannte neue Ostpolitik ist der Versuch, die alte feindselige Politik gegen die sozialistischen Länder in verhüllter Form weiterzuführen. Hinter den Beteuerungen, Entspannung und bessere Beziehungen mit den sozialistischen Ländern anzustreben, verbirgt sich die Absicht, die Einheit der sozialistischen Staatengemeinschaft zu untergraben, die DDR zu isolieren und die sozialistische Gesellschaft zu unterminieren. Dieser Kurs ist abenteuerlich und selbstmörderisch. Er gefährdet den Frieden unseres Volkes und die Sicherheit Europas.

Wirtschaftsentwicklung und soziale Unsicherheit

Dieser Kurs belastet unsere Bevölkerung mit einer immer kostspieligeren Rüstung. Was in zwanzig Jahren schwer erarbeitet wurde, ist in Frage gestellt. Die Sicherheit der Arbeitsplätze ist nicht gewährleistet. Wir sind nicht vor neuen Wirtschafts- und Währungskrisen, vor Arbeitslosigkeit, vor den unsozialen Folgen einer kapitalistisch genutzten Automation, vor Einkommensminderung und sozialem Abbau geschützt.

Profite und Dividenden steigen weit schneller als Löhne und Gehälter. Von den marktbeherrschenden Unternehmen diktierte Monopolpreise und staatliche Rüstungsaufträge bringen dem Großkapital zusätzlichen Gewinn und beschleunigen den Preisauftrieb. Die Lohnentwicklung hält nicht einmal Schritt mit dem Wachstum der Arbeitsproduktivität. Errungene Verbesserungen werden großenteils durch steigende Preise, Mieten und Dienstleistungstarife, erhöhte Steuern und Sozialbeiträge aufgesogen. Millionen arbeitenden Frauen und jungen Arbeitern wird die soziale Gleichberechtigung vorenthalten und der berufliche Aufstieg erschwert.

Arbeiter, Angestellte, Geistesschaffende, Beamte, die große Mehrheit des Volkes leben von abhängiger Arbeit. Sie sind ausgeschlossen vom Eigentum an den Produktionsmitteln. Sie verfügen nur über ihre Arbeitskraft. Eine Kluft trennt die kleine Schicht der Multimillionäre von den Millionen arbeitender Menschen. Die Vermögensunterschiede und sozialen Gegensätze werden nicht geringer, sondern krasser. Die Abhängigkeit und Ausbeutung der Arbeiter und Angestellten im Betrieb wächst, die soziale Unsicherheit nimmt zu, der Arbeitsprozeß wird immer schwerer durchschaubar. Arbeiter und Angestellte, Techniker und Wissenschaftler werden mehr und mehr in eine menschenunwürdige Stellung gedrängt. Das wird verstärkt durch das Fehlen echter Mitbestimmung.

Bauern und städtische Mittelschichten stehen unter dem Druck der Konzerne. Agrarpläne und Agrarpolitik in der EWG, die staatliche Steuer-, Kredit- und Investitionspolitik untergraben ihre Existenz. Viele von ihnen werden das Opfer der kapitalistischen Konzentration.

Der kapitalistische Konzentrationsprozeß und die ihn fördernde staatliche Wirtschaftspolitik erschweren auch die Existenzbedingungen der kleinen und mittleren Unternehmen.

Die Konzentration der Produktion und des Kapitals führt zur Bildung von Großunternehmen, die ganze Industriezweige beherrschen. Eine Welle von kapitalistischen Zusammenschlüssen in der Bundesrepublik und über ihre Grenzen hinaus kennzeichnet die gegenwärtige Wirtschaftsentwicklung. Der Einfluß des USA-Kapitals nimmt besonders in den entscheidenden Wachstumsindustrien bedrohliche Ausmaße an. Zugleich verstärken die westdeutschen Monopole ihren Kapitalexport und beteiligen sich an der Ausbeutung wirtschaftlich schwach entwickelter Länder.

Der Staat wird zu einer immer stärkeren ökonomischen Macht. Ein bedeutender Teil des Nationaleinkommens, gewaltige Mittel aus den Steuergeldern des Volkes werden im großkapitalistischen Interesse umverteilt. Die Wissenschaft ist zu einem entscheidenden Faktor des wirtschaftlichen Wachstums geworden. Die zu ihrer Entwicklung unerläßlichen hohen Investitionen und langfristigen Planungen übersteigen die Möglichkeiten der privatkapitalistischen Monopole. Der Staat greift zugunsten der Konzernprofite und zur Erhaltung des monopolkapitalistischen Gesamtsystems immer direkter regulierend und steuernd in den Wirtschaftsprozeß ein. Die Macht der Monopole verschmilzt immer enger mit der Staatsmacht zu einem geschlossenen System und Herrschaftsmechanismus, den wir Marxisten als staatsmonopolistischen Kapitalismus bezeichnen.

Durch die staatlichen Regulierungsmaßnahmen, wie konzertierte Aktion und mittelfristige Finanzplanung sowie durch autoritäre Herrschaftsformen soll das kapitalistische System vor Krisen, politischen und sozialen Erschütterungen bewahrt bleiben. Die Entwicklung zeigt aber, daß dieses Wirtschaftssystem weder zyklische noch strukturelle Krisen verhindern kann. Es ist unfähig, die gewaltigen produktiven Möglichkeiten, die die wissenschaftlich-technische Revolution bietet, zu einer vernünftigen Befriedigung der materiellen und kulturellen Bedürfnisse des Volkes zu nutzen. Milliardenwerte werden für eine abenteuerliche Rüstungspolitik, für gesellschaftlich nutzlose Ausgaben verschleudert, durch chronische Unterauslastung von Produktionskapazitäten und direkte Vernichtung erzeugter Güter vergeudet. Zugleich wird die Bildung und Ausbildung der Menschen, der wichtigsten produktiven Kraft, vernachlässigt.

Der staatsmonopolistische Kapitalismus bildet die Grundlage des heutigen Wirtschafts- und Gesellschaftssystems der Bundesrepublik. Sein Gesetz heißt: Höchstprofit für die Konzernherren, Konzentration und Ausweitung der kapitalistischen Macht, Notstandsstaat und Rechtskurs nach innen, aggressives Großmachtstreben nach außen, Militarisierung der Gesellschaft und Manipulierung des Menschen.

Rechtskurs und Notstandsstaat

Unser Volk braucht eine fortschrittliche Demokratie. Die Menschen müssen gehört und respektiert werden, sie müssen mitentscheiden können. Die formale Demokratie in diesem Land erschöpft sich in der Abgabe eines Stimmzettels bei den Wahlen. Doch die wichtigen Entscheidungen, die in das Leben jedes Einzelnen eingreifen, fallen in den Schaltzentralen der Großindustrie und der Großbanken, deren Interessen von der Regierung und den Fraktionsvorständen der systemerhaltenden Parteien wahrgenommen werden.

Das Großkapital übt seine politische Macht unmittelbar oder mittelbar über seine Beauftragten in Parteien und Parlamenten, über den Einfluß auf die staatliche Exekutive und übernationale Organe wie die EWG, vor allem über die Unternehmerverbände immer vollständiger aus. Das vom Grundgesetz vorgeschriebene parlamentarische System ist ausgehöhlt, der Bundestag zu einem Scheinparlament herabgesunken, zumal die arbeitende Bevölkerung in ihm über keine Interessenvertretung verfügt. Die wahren Machtverhältnisse werden vor dem Volk verschleiert.

Die politische Entwicklung in der Bundesrepublik ist durch verstärkte autoritäre Tendenzen gekennzeichnet. Die demokratischen Rechte und Freiheiten werden abgebaut, das Grundgesetz untergraben. Die diktatorische Notstandsgesetzgebung wurde verabschiedet und hat bereits zu Notstandspraktiken geführt. Im Staatsapparat, in Armee, Justiz und Polizei, im Bildungs- und Pressewesen sind nazistische und militaristische Kräfte in leitenden Positionen. Die Regierung hält weiter am KPD-Verbot fest und nutzt es als ein Mittel der Einschüchterung und der Drohung gegen alle demokratischen Kräfte. Kriegsverbrecher und Nazirichter werden freigesprochen, ihre Mordtaten sollen verjähren, Demokraten werden vor Gericht gestellt. Eine Vorbeugehaft ist geplant. So wird die Entwicklung nach rechts vorangetrieben. Das ist das Klima, in dem der Neofaschismus sich ausbreitet.

Die Macht der zentralen Staatsgewalt soll durch eine Staats-, Verwaltungs- und Finanzreform, durch den Ausbau des Militär- und Polizeiapparates gefestigt werden. Diese Macht ist durch und durch demokratiefeindlich, sie drängt zu immer reaktionäreren Herrschaftsmethoden.

Hauptträger dieses politischen Kurses ist die CDU/CSU. Sie wird beherrscht von den maßgeblichen großkapitalistischen Interessengruppen und ist die führende Partei des Kapitals. Seit Gründung der Bundesrepublik leitet sie die Regierung. Durch Mißbrauch christlicher Ideen und Gefühle, durch soziale und nationale Demagogie hat sie sich eine Massenbasis geschaffen.

Auch die FDP, die sich hauptsächlich an die Mittelschichten wendet und an liberale Auffassungen anknüpft, vertritt großkapitalistische Interessen. Ihre Führung stützte und stützt in allen wichtigen gesellschaftlichen und politischen Fragen das bestehende System.

In der NPD besitzt die Reaktion eine neonazistische Partei. Sie hat die Aufgabe, mit ihrer nationalen und sozialen Demagogie das Auffangbecken für Unzufriedene und eine politische Reserve der Monopolinteressen gegen das arbeitende Volk zu sein. Ihr Einfluß im Machtapparat, insbesondere in der Bundeswehr, nimmt bedrohliche Ausmaße an. Die NPD wird genährt durch den regierungsoffiziellen Nationalismus und Antikommunismus.

Die neofaschistische Gefahr beschränkt sich nicht auf die NPD. Sie entspringt dem staatsmonopolistischen System und den aggressiven Zielen der herrschenden Kreise. Ihre einflußreichsten Träger sind in der Führung der CDU/CSU ebenso wie in den Unternehmerverbänden, in der Spitze der Bundeswehr, in nationalistischen und revanchistischen Organisationen wie im Staatsapparat und im System der Meinungsmanipulation.

Am Ende der Ära Adenauer und Erhard war die CDU/CSU mit ihrer Innen- und Außenpolitik, ihrer Wirtschafts- und Finanzpolitik in eine tiefe Krise geraten.

Die Chance für eine politische Wende in der Entwicklung der Bundesrepublik, die damals gegeben war, wurde durch den Kurs der SPD-Führung und den Eintritt in eine Regierung mit Kiesinger und Strauß vertan. So setzte sich die SPD-Führung über die Interessen der eigenen Partei und den Willen der Mitglieder hinweg. Sie beging einen Vertrauensbruch an den Wählern und befreite die CDU/CSU aus der Sackgasse. Sie stimmte den Notstandsgesetzen zu und ebnete damit den Weg für einen „legalen" Staatsstreich der Reaktion. Die SPD-Minister sind mitverantwortlich für die Erhöhung der Rüstungsausgaben und die vom Konzerninteresse diktierte Wirtschafts- und Finanzpolitik.

Sie üben wachsenden Druck auf die Gewerkschaften aus, um die „konzertierte Aktion" und die Lohnleitlinien durchzusetzen. So haben sie dem Großkapital und der CDU/CSU zu weiterer Machtkonzentration verholfen. Ursache dieser Politik ist der Verzicht auf die Interessenvertretung der Arbeitenden, die grundsätzliche Preisgabe aller sozialistischen Traditionen und Ziele, ist die Eingliederung der SPD-Führung in das System des staatsmonopolistischen Kapitalismus.

Bildungsnotstand und Manipulierung der öffentlichen Meinung

In der Bundesrepublik werden die Massenmedien das Presse- und Verlagswesen von den Konzernherren beherrscht und im Sinne der Regierungspolitik gesteuert. Sie dienen als Mittel, die Volksmassen zu manipulieren. Der reaktionäre Springer-Konzern und andere Instrumente der Meinungsbildung verbreiten eine chauvinistische und antikommunistische Propaganda, die der psychologischen Kriegsvorbereitung und der Mobilisierung der Instikte gegen innenpolitische Gegner, gegen Demokraten, Friedensanhänger und ausländische Arbeiter dient. Die vom Großkapital beherrschten Massenmedien sollen das arbeitende Volk daran hindern, sich seiner eigenen Interessen bewußt zu werden, Freund und Feind unterscheiden zu lernen. So sollen die Menschen abhängig und ohnmächtig gehalten werden. Die demokratischen und sozialistischen Gegenströmungen verfügen nur über geringe Möglichkeiten zur Verbreitung ihrer Ideen. Fortschrittliche Journalisten werden diffamiert und verfolgt. Die Verbreitung ihrer Anschauungen in den wirksamsten Medien, im Fernsehen und Rundfunk, wird weitgehend verhindert.

Über den technischen Fortschritt und die Möglichkeiten zur Verbesserung des Lebensstandards wird in hohem Maße in der Volksbildung, in den Labors und Forschungsstätten entschieden. Aber die Bundesrepublik ist das Land eines erschrekkenden Bildungsnotstandes. Es mangelt an Lehrern, Schulen und Einrichtungen für einen modernen Unterricht. Die Bildungskonzeption wird schon den Erfordernissen der Gegenwart nicht gerecht, noch weniger denen der Zukunft. Trotz formaler Chancengleichheit sind die Bildungsschranken für Kinder des arbeitenden Volkes, die aus den gesellschaftlichen Verhältnissen erwachsen, nicht beseitigt. Die friedliche Forschung, die Berufsausbildung der Jugend, die Weiterbildung der Erwachsenen werden vernachlässigt. Der Bildungsinhalt ist weitgehend bestimmt von den unwissenschaftlichen und demokratiefeindlichen Ideen der Kräfte, die das kapitalistische System verewigen wollen. Antikommunismus, Nationalismus, Revanchegeist und ein verzerrtes Geschichtsbild hindern viele Menschen daran, die gesellschaftliche Wirklichkeit zu erkennen.

Die innere Schwäche des Systems

Die Bundesrepublik ist heute ein von kapitalistischen Monopolen beherrschtes Land, dessen Machtapparat mit alten und neuen Nazis durchsetzt ist. Die Außenpolitik der regierenden Kreise wird, wie vor den beiden Weltkriegen, vom imperialistischen Großmachtstreben bestimmt. Das spätkapitalistische System ist durch unlösbare Widersprüche zerrissen. Seine äußerliche Stärke verbirgt die tiefe innere Labilität und Schwäche, die Unfähigkeit, die sozialen Gegensätze zu überwinden. Der Gegensatz von Kapital und Arbeit, zwischen der von Millionen Menschen, also gesellschaftlich betriebenen Produktion, und der Aneignung der Früchte der Arbeit durch das Großkapital — **das ist der grundlegende Widerspruch** dieser Gesellschaftsordnung. Aus ihm erwachsen die Auseinandersetzungen zwischen der kleinen Gruppe des Monopolkapitals und allen antimonopolistischen, demokratischen Volkskräften.

Die reaktionäre Entwicklung ruft die Kräfte des Widerstandes auf den Plan. Die Aktionen der Notstandsgegner, der Kampagne für Demokratie und Abrüstung, der arbeitenden und studierenden Jugend, die Aktivität fortschrittlicher Frauen, die Demonstration der Bauern, die geistige Unruhe im Lande, die Solidarität mit dem vietnamesischen Volk, mit den Antifaschisten in Spanien, Portugal und Griechenland, die sozialen Kämpfe der Arbeiter zur Verteidigung ihres Lebensstandards und ihrer Arbeitsplätze — alles das beweißt, daß es den herrschenden Kreisen nicht gelingt, den demokratischen Widerstand zu brechen.

Das politische Kräfteverhältnis wird sich aber nicht spontan zugunsten der Arbeiterklasse und der demokratischen Volkskräfte ändern, sondern nur dann und in dem Maße, wie sich die Arbeiterklasse zur Aktionseinheit und alle antimonopolistischen Kräfte zu einem demokratischen Bündnis zusammenfinden. Nur so werden sie zu einer starken gesellschaftlichen Gegenkraft, die die Reaktion besiegen kann.

2. Die demokratische Erneuerung von Staat und Gesellschaft

Die Deutsche Kommunistische Partei sieht die gegenwärtige Aufgabe der sozialistischen und demokratischen Kräfte in unserem Land darin, im gemeinsamen Handeln eine grundlegende Veränderung des politischen Kurses herbeizuführen und dem gesellschaftlichen Fortschritt den Weg zu bahnen. Das verlangt, den Kampf um die sozialen und politischen Tagesforderungen der arbeitenden Massen mit dem Ringen um mehr Rechte, um größeren Einfluß, um grundlegende demokratische Veränderungen zu verbinden.

Der Weg zur Lösung der Lebensfragen unseres Volkes in Gegenwart und Zukunft führt nur über die Entfaltung der politischen Aktivität und Selbsttätigkeit der arbeitenden Massen, über eine demokratische Erneuerung von Staat und Gesellschaft. Demokratische Erneuerung bedeutet die Beseitigung des Neonazismus und die Beendigung der militärischen Großmachtpolitik, die Einschränkung der Macht des Monopolkapitals und ihre schließliche Überwindung, die Umwandlung der Bundesrepublik in eine reale, fortschrittliche Demokratie. Demokratische Erneuerung bedeutet die Durchsetzung einer Politik des Friedens und der Sicherheit, die Anerkennung der DDR, die Verteidigung der demokratischen Rechte und die Aufhebung der Notstandsgesetze, den Kampf um die Erweiterung und den Ausbau der Demokratie, die Verwirklichung demokratischer Mitbestimmung und Kontrolle, die Durchsetzung sozialer Sicherheit und besserer Lebensverhältnisse, die Erkämpfung einer fortschrittlichen Bildungs- und Kulturpolitik.

Diese demokratische Erneuerung kann nur durch das Volk selbst errungen werden — in der gewerkschaftlichen Aktivität, im sozialen wie im politischen Kampf, in der außerparlamentarischen Aktion wie im Kampf um fortschrittliche Vertretungen in den Parlamenten. Die DKP erstrebt diese Umgestaltung auf der Basis der im Grundgesetz verkündeten demokratischen Prinzipien und Rechte.

Wenn sich die große arbeitende Mehrheit des Volkes ihres gemeinsamen Interesses gegen die kleine aneignende Gruppe der Multimillionäre bewußt wird, wenn sie sich zum gemeinsamen Handeln vereint, wird sie den ausschlaggebenden Einfluß in Staat und Gesellschaft erringen.

Das politische Kräfteverhältnis zugunsten der Arbeiterklasse und aller vom Monopolkapital unterdrückten Volksschichten zu ändern — das ist die entscheidende Kampfaufgabe. Das ist auch die wichtigste Bedingung für jeden demokratischen und gesellschaftlichen Fortschritt, für eine veränderte Zusammensetzung des Parlaments und seine Umwandlung aus einem Herrschaftsinstrument des Großkapitals in ein Organ der

Volksinteressen. Das ist die Voraussetzung für die Bildung einer Regierung, die bereit ist, eine neue Politik einzuleiten.

Die DKP erklärt, daß sie eine Regierung der fortschrittlichen Kräfte, der Arbeiter und Angestellten, der Geistesschaffenden, der Bauern und des nichtmonopolistischen Bürgertums unterstützen wird, die sich eine konsequente Friedenspolitik, die Erfüllung sozialer und demokratischer Forderungen des Volkes zum Ziel setzt. Im Streben nach der demokratischen Umgestaltung aller Bereiche des wirtschaftlichen, politischen und geistig-kulturellen Lebens, nach der vereinten Aktion aller sozialistischen und antimonopolistischen Kräfte unterbreiten wir das

Aktionsprogramm der Deutschen Kommunistischen Partei.

Aktionsprogramm der Deutschen Kommunistischen Partei

Für eine Politik des Friedens

Die Arbeiterklasse und alle Werktätigen sind am Frieden interessiert. Stets hatte das arbeitende Volk die schwersten Opfer des imperialistischen Kreislaufs von Rüstung, Kriegsvorbereitung und Krieg zu tragen. Deshalb muß es der Außenpolitik der Herrschenden das eigene außenpolitische Programm entgegenstellen — eine Politik des Friedens und der Völkerverständigung, die zu einer Lebensfrage für unser Volk geworden ist. Darum muß alles getan werden, um die materielle, diplomatische und psychologische Kriegsvorbereitung der Reaktion zu bekämpfen.

Das Sicherheitsinteresse der Bundesrepublik verlangt den entschiedenen Kampf gegen die Großmachtpolitik der herrschenden Kreise. Die Bundesrepublik ist nicht von außen bedroht. Niemand will ihre Grenzen antasten. Die Gefährdung unserer Sicherheit geht allein vom außenpolitischen Kurs der Bundesregierung aus — von ihrer Weigerung, die DDR anzuerkennen, von ihrer Forderung nach Revision der bestehenden Grenzen, von ihrem Anspruch auf West-Berlin.

Unsere Sicherheit ist bedroht durch den Drang der Herrschenden nach atomarer Verfügungsgewalt, durch den Aufbau einer Angriffsarmee, durch das Verlangen nach Änderung des territorialen Status quo in Europa. Der Friede ist gefährdet durch eine Außenpolitik, die dieses Land zum größten Atomwaffenstützpunkt der USA gemacht hat und es an die NATO bindet.

Die offizielle Unterstützung der Regierung für den unmenschlichen Krieg der USA in Vietnam, die materielle und politische Hilfe für die faschistischen Regime in Spanien, Portugal, Griechenland und Südafrika, die direkte und indirekte Begünstigung der imperialistischen Aggressionen und des Neokolonialismus im Nahen Osten, in Asien, Afrika und Lateinamerika richtet sich nicht nur gegen die Völker dieser Länder, sondern widersprechen auch den Interessen unseres Volkes.

Die herrschenden Kreise dieses Landes predigen die Wiedervereinigung, aber sie meinen damit die Ausdehnung ihrer Macht auf ganz Deutschland. Die deutschen Großindustriellen und Generale beherrschten das kaiserliche Deutsche Reich und stürzten unser Volk 1914 in den ersten Weltkrieg. Monopolkapital, Generale und Naziführer herrschten im faschistischen Großdeutschland und stürzten unser Volk 1939 in den zweiten Weltkrieg. Diese Politik gefährdete die physische Existenz des deutschen Volkes. Nach jedem Kriege wurde Deutschland kleiner.

Die Arbeiterklasse, unser Volk, kann nur an einem geeinten Deutschland interessiert sein, in dem die Macht der Verantwortlichen für die Kriegskatastrophen gebrochen ist, in dem das Großkapital und seine Generale endgültig ausgespielt haben. In der Deutschen Demokratischen Republik ist diese historische Bedingung erfüllt. Die demokratische Erneuerung der Bundesrepublik ist der einzig reale Weg, der über völkerrechtliche Beziehungen mit der DDR zur schließlichen Vereinigung der beiden deutschen Staaten, zu einem geeinten demokratischen und sozialistischen Deutschland führt.

Für Anerkennung der DDR

Eine Hauptforderung echter Friedenspolitik ist die Anerkennung der DDR als souveräner und gleichberechtigter deutscher Staat. Das ist nicht nur eine Lebensfrage für alle Deutschen, das gebietet auch die Sicherheit der Völker Europas. Es sollte ein besonderes Anliegen der Arbeiterklasse sein, weil in der DDR die Arbeiter und ihre Verbündeten regieren, und weil die DDR mit der Entmachtung des Großkapitals auch die Ursachen jeder Kriegspolitik überwunden hat.

Die DKP ruft alle Demokraten auf, sich dafür einzusetzen, daß

der Alleinvertretungsanspruch aufgegeben wird;

gleichberechtigte Beziehungen mit der DDR auf der Grundlage völkerrechtlicher Abkommen hergestellt werden;

ein Vertrag über Gewaltverzicht und Abrüstungsmaßnahmen zwischen der Bundesrepublik und der DDR abgeschlossen wird, der völkerrechtlich verbindlich ist;

die Hallstein-Doktrin und jede Einmischung in die Beziehungen anderer Staaten zur DDR aufgegeben wird;

die bestehenden Grenzen in Europa anerkannt und das Münchener Abkommen von Anfang an für ungültig erklärt wird.

Für Abrüstung und europäische Sicherheit

Im Interesse der Bundesrepublik und der Völker Europas darf unser Land nicht länger ein Herd der Spannungen und der Kriegsgefahr sein. Eine Politik der Abrüstung, der Entspannung und Verständigung gemäß den Prinzipien der friedlichen Koexistenz schafft das Klima für ein friedliches Zusammenleben aller europäischen Staaten. Nur so ist auch eine Verbesserung der Beziehungen zur Weltmacht Sowjetunion und zu den anderen sozialistischen Ländern möglich.

Die DKP ruft alle friedliebenden Menschen der Bundesrepublik auf, gemeinsam dafür einzutreten, daß

der Atomwaffensperrvertrag von der Bundesregierung sofort unterzeichnet und vom Bundestag ratifiziert wird;

beide deutschen Staaten, gemäß dem Vorschlag der DDR, auf Herstellung, Besitz und Verfügungsgewalt über Atomwaffen, bakteriologische und chemische Waffen in jeder Form sowie auf ihre Lagerung verzichten und einer atomwaffenfreien Zone in Mitteleuropa beitreten;

die Bundesrepublik sich wie die DDR bereit erklärt, die bestehenden Militärbündnisse durch ein gesamteuropäisches Sicherheitssystem zu ersetzen. Die gleichzeitige Auflösung der NATO und des Warschauer Paktes würde auch Voraussetzungen für den Abzug der ausländischen Truppen aus unserem Land schaffen;

die Bundesrepublik und die DDR sich gemeinsam dafür verwenden, daß beide deutschen Staaten in die UNO aufgenommen werden;

die Bundesrepublik jeden Anspruch auf West-Berlin aufgibt und West-Berlin als ein selbständiges politisches Gebiet anerkennt. West-Berlin sollte vertragliche Beziehungen zu beiden deutschen Staaten unterhalten.

Eine hochgerüstete Angriffsarmee, die sich an der atomaren Vorwärtsstrategie der NATO und des Pentagon orientiert, ist nicht nur eine Bedrohung nach außen, sie ist auch eine Bedrohung nach innen. Gemäß den Notstandsgesetzen kann sie jederzeit gegen streikende Arbeiter und Demonstranten, gegen Arbeiterorganisationen und Demokraten eingesetzt werden. Die DKP fordert deshalb auf, gemeinsam dafür einzutreten, daß

die Rüstungsausgaben auf die Hälfte gekürzt werden;

als erster Schritt zur Abschaffung der allgemeinen Wehrpflicht die Wehrdienstzeit von 18 auf 12 Monate herabgesetzt wird;

die Bundeswehr in Aufbau, Bewaffnung und Zielstellung zu einer reinen Verteidigungstruppe unter demokratischer Kontrolle umgewandelt, von Revanchegeist und Militarismus befreit und das Recht der Soldaten auf freie politische und gewerkschaftliche Betätigung gewährleistet wird. Das Grundrecht auf Wehrdienstverweigerung darf nicht eingeschränkt werden.

Reale Demokratie für das Volk

Unter der Herrschaft des Großkapitals kann die arbeitende Bevölkerung nur so viel demokratische Rechte besitzen, wie sie selbst erobert. Um ihre Kampfpositionen zu verbessern, sehen sich die Arbeiterklasse und alle fortschrittlichen Kräfte im Ringen um Demokratie vor drei entscheidende Aufgaben gestellt:

Erstens, den entschlossenen Abwehrkampf zu führen gegen die autoritären Machtstrukturen und die neofaschistischen Gefahren, gegen alle Tendenzen und Pläne zur Errichtung einer Notstandsdiktatur und gegen jegliche Notstandspraktiken. Die leidvollen geschichtlichen Erfahrungen unseres Volkes zwingen zum rechtzeitigen und geeinten Vorgehen aller Antifaschisten gegen die neonazistische Bedrohung.

Zweitens, eine wirksame Aufklärungsarbeit im Volke zu leisten, um die hinter der demokratischen Fassade verborgenen wahren Machtverhältnisse zu enthüllen und zu zeigen, welchen realen Inhalt die Demokratie haben muß, wenn sie aus einer Herrschaftsform der großen Kapitaleigentümer zu einer Demokratie für das Volk, wenn das Parlament aus einem Organ des Großbesitzes zu einem Organ des Volkswillens werden soll.

Drittens, um die Erweiterung und den Ausbau der demokratischen Rechte des Volkes zu kämpfen; den Einfluß der antimonopolistischen Kräfte auf allen Ebenen des politischen und staatlichen Lebens zu erhöhen; das herrschende Großkapital in allen Institutionen und Gremien mit den Forderungen der arbeitenden Menschen zu konfrontieren; alle Möglichkeiten des Aufbaus und Ausbaus politischer und gesellschaftlicher Gegenpositionen zu nutzen und schließlich die Veränderung der Machtverhältnisse zugunsten der Arbeiterklasse und aller Werktätigen zu erkämpfen.

Im einzelnen schlägt die Deutsche Kommunistische Partei allen fortschrittlichen Kräften vor, sich für folgende demokratische Forderungen einzusetzen und dafür in gemeinsamen oder gleichgerichteten Aktionen zu wirken:

Gegen Neonazismus, für Verteidigung der demokratischen Rechte

Aufhebung des Notstandsrechts als einer mit dem Grundgesetz unvereinbaren zweiten Verfassung, Beendigung aller Notstandspraktiken, Aufhebung der verfassungswidrigen Telefonabhör- und Postkontrollgesetze, Verbot jedes inneren Einsatzes der Armee, Verhinderung jeder Art von Vorbeugehaft und Ordnungsgesetzen an Hochschulen;

Auflösung der NPD und aller neonazistischen Organisationen, Unterbringung und Bestrafung jeder Verbreitung von Kriegshetze, Rassen- und Völkerhaß, keine Verjährung von Kriegsverbrechen;

Entfernung führender Vertreter der Nazidiktatur aus allen leitenden Stellungen im Staat, in Armee, Polizei und Justiz, in Schulen und Hochschulen;

Aufhebung des KPD-Verbots, das weiterhin als Mittel der Diffamierung und Verfolgung fortschrittlicher Kräfte mißbraucht wird;

für die effektive Gewährleistung des Rechts auf Informations- und Meinungsfreiheit für alle demokratischen Kräfte, Verbot der Verbreitung neonazistischer, nationalistischer, militaristischer sowie rassen- und völkerdiskriminierender Propaganda; Kampf gegen die arbeiter- und gewerkschaftsfeindliche, der nationalen Verhetzung dienende Springer-Presse, Enteignung des Springer-Konzerns, Beseitigung anderer reaktionärer Presse- und Meinungsmonopole, Demokratisierung des Presse- und Verlagswesens sowie des Rundfunks und Fernsehens;

volle Wiederherstellung und Anwendung der im Grundgesetz verkündeten demokratischen Grundrechte für alle Bürger.

Erweiterung und Ausbau der Demokratie

Überwindung des beherrschenden Einflusses des Konzernkapitals und der Unternehmerverbände auf Gesetzgebung und Verwaltung; Offenlegung aller Eingaben, Gesetzesvorschläge und Verhandlungen dieser Machtgruppen mit Regierung und Staatsbürokratie; Öffentlichkeit aller Ausschußsitzungen des Bundestages.

Uneingeschränktes Verhältniswahlrecht bei Chancengleichheit aller Wahlbewerber, Beseitigung der Sperrklausel, Herabsetzung des Wahlalters auf 18, der Wählbarkeit auf 21 Jahre; volle Gleichberechtigung der Parteien und Kandidaten bei der Vergabe von Sendezeiten in Funk und Fernsehen, keine staatliche Finanzierung der Parteien;

Stärkung der demokratischen Selbstverwaltung der Gemeinden und Wahrung aller verfassungsmäßigen Rechte der Länder; höherer Anteil der Gemeinden an den Steuereinkünften;

Bildung gesellschaftlicher Fachausschüsse beim Bundestag, bei den Landtagen und Ministerien, die nicht von der Exekutive und den Fraktionen berufen, sondern deren Mitglieder von den Gewerkschaften und anderen demokratischen Vereinigungen delegiert werden, damit das Volk Einfluß auf die Gesetzesentscheidungen gewinnt;

Einrichtung öffentlicher Beschwerdeinstanzen, die jeder Bürger ohne Gerichtskosten anrufen kann; demokratische Wahl der Richter und Verwirklichung einer humanen, fortschrittlichen Strafrechtsreform.

Als weitergehende Maßnahme im Ringen um eine reale, dem Volk dienende und vom Volk geprägte Demokratie schlagen wir vor, daß das Streikrecht einschließlich des politischen Streiks und des Aussperrverbots im Grundgesetz besonders verankert wird. Zugleich fordern wir die öffentliche Diskussion aller bedeutenden Gesetzentwürfe und die Ergänzung des Grundgesetzes durch einen Artikel, der Volksbefragungen und Volksentscheide vorsieht.

Ziel des Kampfes um die Erweiterung der Rechte, die Stärkung des Einflusses und den Ausbau der Einwirkungsmöglichkeiten auf staatliche Angelegenheiten muß es sein, die Kluft zwischen den im Grundgesetz proklamierten demokratischen Prinzipien und der gesellschaftlichen Wirklichkeit zu überwinden; die Volkssouveränität in die Tat umzusetzen; die politischen Machtverhältnisse so zu verändern, daß die arbeitende Bevölkerung den entscheidenden Einfluß im Leben unseres Landes erlangt.

Mitbestimmung, demokratische Wirtschaftspolitik und Kontrolle

Der Kampf um reale politische Demokratie ist untrennbar verbunden mit dem Kampf für soziale Sicherheit, für Mitbestimmung und demokratische Kontrolle in der Wirtschaft, für tiefgreifende demokratische Reformen auf wirtschaftlichem und sozialem Gebiet. Zum obersten Prinzip muß die Verbesserung des sozialen und kulturellen Lebensstandards der Menschen werden, anstelle der jetzigen Orientierung auf den Profit des Konzernkapitals. Dazu bedarf es der Befreiung des Wirtschaftslebens von den Lasten der Rüstungspolitik, der Zurückdrängung des Monopolkapitals und seiner Vorherrschaft über die Wirtschaft.

Der Verfassungsgrundsatz des Artikels 20 GG, daß die Bundesrepublik ein demokratischer und sozialer Bundesstaat sein soll, ist nur zu verwirklichen auf dem Wege des Kampfes um soziale Verbesserungen und demokratische Reformen.

Die Verbesserung der Lebensverhältnisse und die Durchsetzung einer fortschrittlichen Wirtschafts- und Sozialpolitik kann nur das Ergebnis von Massenbewegungen der Betroffenen selbst, des betrieblichen und gewerkschaftlichen Kampfes sein. In den Aktionen für ihre unmittelbaren wirtschaftlichen und sozialen Interessen erwirbt die arbeitende Bevölkerung, durch die Tätigkeit einer marxistischen Partei vermittelt, Vertrauen in ihre eigene Kraft, Einsicht in die Notwendigkeit des Klassenkampfes und weitergehender politischer und gesellschaftlicher Veränderungen.

Die DKP schlägt den Arbeitern und Angestellten in den Betrieben, den Gewerkschaften und der ganzen arbeitenden Bevölkerung vor, den Kampf für drei grundlegende gesellschaftspolitische Umgestaltungen in der Wirtschaft aufzunehmen;

Erstens: Mitbestimmung und demokratische Kontrolle auf allen Ebenen des Wirtschaftslebens, am Arbeitsplatz, im Betrieb und in den Unternehmen, in allen staatlichen und übernationalen Gremien der Wirtschafts-, Sozial- und Gesellschaftspolitik. Die Mitbestimmung darf nicht Mittel einer illusionären „Sozialpartnerschaft" oder „Klassenharmonie" sein, sondern muß zur Sicherung der Arbeitsplätze und zur Verbesserung der Lebensbedingungen, als Waffe zur Einschränkung der Macht des Großkapitals benutzt werden.

Die DKP unterstützt als nächsten Schritt die gewerkschaftliche Forderung nach Novellierung des Betriebsverfassungsgesetzes und Ausweitung der Mitbestimmung.

Die Mitbestimmung muß umfassen: Freie gewerkschaftliche und politische Tätigkeit in den Betrieben und Verwaltungen, Schutz der gewerkschaftlichen Vertrauensleute, der Betriebs- und Personalräte sowie der Jugendvertreter; Mitbestimmung bei allen Entscheidungen über Arbeitsbedingungen, Arbeitsorganisation, Löhne, Arbeitszeit, betriebliche Sozialleistungen, Urlaub, Einführung technischer Neuerung und Umschulung, bei der Festlegung von Investitionen und Gewinnen, bei Fusionen und Veränderungen der Unternehmensstruktur, paritätische Mitbestimmung in den Kontrollorganen und Vorständen der Großunternehmen, in den überbetrieblichen und staatlichen Wirtschaftsorganen; Recht und Pflicht der Arbeitervertreter in den Mitbestimmungsgremien, den Belegschaften und Gewerkschaften über ihre Tätigkeit Rechenschaft zu geben. Vertreter, die ihrer Verantwortung gegenüber den Arbeitern und Angestellten nicht gerecht werden, sollten jederzeit abwählbar sein.

Zweitens: Demokratische Wirtschaftsplanung im Interesse der Mehrheit der arbeitenden Bevölkerung, statt der jetzigen staatlichen Regulierungs- und Planungsmaßnahmen zur Steigerung der Profite des Großkapitals. Eine demokratische Wirtschaftsplanung fordert den unmittelbaren Einfluß der arbeitenden Menschen, ihrer Gewerkschaften und anderen demokratischen Vertretungen. Sie muß die Sicherung der Arbeitsplätze, ein stetiges Wirtschaftswachstum, die fortschreitende Erhöhung des Lebensstandards und die Nutzung des technischen Fortschritts zum Wohle des Volkes in den Mittelpunkt stellen.

Das verlangt die demokratische Kontrolle und Mitbestimmung über die gesamte staatliche Investitionspolitik, um zu verhindern, daß Milliarden Steuergelder den Konzernen zugeschanzt werden. In demokratischen Diskussionen sind langfristige Investitionspläne für vordringliche und bisher sträflich vernachlässigte Aufgaben im Bildungs- und Gesundheitswesen, im Verkehr und im sozialen Wohnungsbau, in der Raumordnung und in der Strukturpolitik zu erarbeiten.

Drittens: Überführung der Schlüsselindustrie und marktbeherrschenden Unternehmen in öffentliches Eigentum auf der Grundlage der Artikel 14 und 15 GG und entsprechender Bestimmungen der Landesverfassungen. Das schafft die ökonomische Grundlage einer demokratischen Wirtschaftspolitik, die vom Druck privatkapitalistischer Konzerngruppen frei ist. In öffentliches Eigentum zu überführen sind alle Unternehmen der Rüstungs- und Atomwirtschaft, die Großkonzerne der Chemie-, Erdöl-, Kohle- und Stahlindustrie, des Fahrzeug- und Flugzeugbaus, der Elektroindustrie, der Elektronik und Datenverarbeitung, die Großbanken und großen Versicherungen, die amerikanischen und anderen ausländischen Konzernunternehmen in der Bundesrepublik. Die in öffentliches Eigentum übergeführten Betriebe sind einer demokratischen Leitung und Verwaltung zu unterstellen, um die aktive Mitbestimmung und Kontrolle der Belegschaften in allen Fragen der Unternehmen zu gewährleisten.

Soziale Sicherheit und bessere Lebensverhältnisse

Für die unmittelbare Verbesserung des Lebensstandards der arbeitenden Bevölkerung erachtet die DKP als notwendig:

Betriebliche und gewerkschaftliche Kampfaktionen für die Erhöhung der Löhne und Gehälter und die Verbesserung der Arbeitsbedingungen. Verwirklichung einer aktiven Lohnpolitik, die nicht nur gestiegene Preise und Produktivität ausgleicht, sondern den Anteil der Arbeitenden am Sozialprodukt vergrößert. Abwehr aller Versuche, die Tarifautonomie durch Lohnleitlinien und andere Mittel einzuschränken. Durch Vergrößerung der Massenkaufkraft werden zugleich die Absatzmöglichkeiten für Industrie, Landwirtschaft, Handwerk und Handel im Inland erweitert. Das trägt zur Sicherung der Arbeitsplätze und der Existenz aller arbeitenden Bevölkerungsschichten bei.

Solidarischer Kampf der Belegschaften und ihrer Gewerkschaften für die Verteidigung der Arbeitsplätze, für die Verhinderung und das Verbot jeglicher Massenentlassungen. Tarifvertragliche und gesetzliche Sicherung der Arbeiter und Angestellten vor den Folgen von Rationalisierung, Automation und Strukturwandel, gesetzliche Pflicht zur Aufstellung von Sozialplänen.

Aufnahme des Rechts auf Arbeit in das Grundgesetz. Betriebliche und gewerkschaftliche Kampfaktionen für die weitere Verkürzung der Arbeitszeit bei vollem Lohnausgleich; gesetzliche Verankerung der 40-Stunden- und Fünftagewoche. Verlängerung des bezahlten Jahresurlaubs. Berechnung des Urlaubs auf der Grundlage der Fünftagewoche, allgemeine Einführung bzw. Erhöhung des Urlaubsgeldes.

Tarifvertragliche und gesetzliche Verankerung des Grundsatzes „Gleicher Lohn für gleichwertige Arbeit“ in allen Bereichen. Alle verfassungswidrigen Praktiken, die diesen Grundsatz umgehen, wie Leichtlohngruppen, sind zu beseitigen. Hilfe für die berufstätige Frau durch Bereitstellung von mehr und billigeren Kinderkrippen und Kindergartenplätzen, Einrichtung von Ganztagsschulen und allgemeine gesetzliche Festlegung eines monatlichen Haushaltstages. Verbesserung des Jugendarbeitsschutzes und des Mutterschutzes, Sicherung gleicher Aufstiegsmöglichkeiten und besondere Förderung der Frauen und Jugendlichen in Beruf und Gesellschaft. Gleiche Rechte für ausländische Arbeiter.

Durchsetzung staatlicher Maßnahmen gegen Preistreiberei, zur Stabilisierung der Preise; Verbot der Preisbindung und der Preisabsprache zwischen Konzernen.

Entwicklung umfassender vorbeugender Gesundheitsmaßnahmen; Verbesserung des Unfallschutzes; Kündigungsschutz für Arbeiter im Krankheitsfall; gesetzliche Regelung der Lohnfortzahlung im Krankheitsfall auf arbeitsrechtlicher Grundlage; Abwehr jeder Beitragserhöhung und zusätzlichen Kostenbeteiligung, Beseitigung der bestehenden Zuzahlungen in der Krankenversicherungspflichtgrenze für Angestellte; volle Erstattung aller Kosten für Fremdaufgaben an die Krankenkassen und weitere finanzielle Entlastung der Kassen durch Befreiung von der Mehrwertsteuer, stärkere Beteiligung der öffentlichen Hand an den Bereithaltungskosten der Krankenhäuser; ausreichender Bau von Altersheimen.

Verbesserung der Sozialrenten durch Einführung einer Mindestrente, Beseitigung des unsozialen Krankenversicherungsbeitrages für Rentner; Erhöhung der Altersrente auf wenigstens

75 Prozent des Arbeitsverdienstes, berechnet nach den zehn besten Verdienstjahren; Senkung der Altersgrenze auf 60 Jahre, für Frauen, NS-Verfolgte, Schwerbeschädigte und Arbeiter mit gesundheitsgefährdender Tätigkeit auf 55 Jahre; Frauen sind die der Entbindung folgenden zwei Jahre als Ersatzzeit für ihre Rente anzurechnen; Befreiung der Sozialversicherungen von allen Kriegsfolgelasten durch deren Übernahme in den Bundeshaushalt; die Erhöhung der Beiträge und die Kürzung der Bundeszuschüsse sind rückgängig zu machen und diese sind entsprechend der Forderung des DGB auf ein Drittel der Ausgaben der Rentenversicherungen anzuheben; Gelder der Sozialversicherung dürfen nicht für den Rüstungshaushalt herangezogen werden; volle Selbstverwaltung in der Sozialversicherung. Einführung einer allgemeinen Volksversicherung, die alle arbeitenden Menschen und ihre Angehörigen einbezieht.

Die Kriegsopferrenten sind beträchtlich zu erhöhen und laufend der wirtschaftlichen Entwicklung anzupassen.

Kindergeld ist vom ersten Kind an zu zahlen und generell zu erhöhen.

Erweiterung des sozialen Wohnungsbaus zu niedrigen Mieten; Ausbau der staatlichen Mietbeihilfen; Wiederherstellung des Mieterschutzes und der Mietpreisbindung, Senkung überhöhter Mieten; Beseitigung der hohen Belastungen des Wohnungsbaus durch die Steuerpolitik, die überhöhten Hypothekenzinsen und die große Bodenspekulation.

Erkämpfung einer demokratischen Finanz- und Steuerreform, die die Steuerlasten der arbeitenden Bevölkerung verringert und statt dessen die Großunternehmen und Millionäre stärker besteuert; Abschaffung der indirekten Steuern auf Waren des Massenbedarfs und der Mehrwertsteuer. Streichung der Steuerprivilegien und Subventionen für die großen Privatunternehmen. Korrektur der Preispolitik der staatlichen und kommunalen Unternehmen und Einrichtungen, keinerlei Sondertarife für Großunternehmen, Verbilligung der Tarife für den Massenverbrauch der arbeitenden Bevölkerung. Kontrolle des Kapitalexports, strenge Maßnahmen gegen Kapitalflucht ins Ausland, Verbot für ausländische Unternehmen, ihren Gewinn aus der

Bundesrepublik ins Ausland zu übertragen. Neuverteilung der Steuereinnahmen zugunsten der Gemeinden als Sicherung ihrer vollen Selbständigkeit.

Erste Voraussetzung für den Schutz der bäuerlichen Betriebe ist der Kampf um verbilligte Kredite, Steuerermäßigungen, Senkung der Preise für Betriebsmittel und Erhöhung der an die Bauern gezahlten Abnahmepreise auf Kosten der Profite der Großunternehmen, Landmaschinen-, Chemie- und Lebensmittelkonzerne. Schutz der Bauern gegen die den Konzerninteressen dienende EWG-Agrarpolitik. Großzügige Förderung von Gemeinschaften und Genossenschaften unter demokratischer Selbstverwaltung, zur Organisierung des Absatzes, der landwirtschaftlichen Produktion und von Vermarktungseinrichtungen.

Unterstützung der Forderungen der Handwerker, Einzelhändler, Gewerbetreibenden und Kleinunternehmer nach Steuer- und Krediterleichterung sowie ihres kooperativen Zusammenschlusses im Kampf gegen das Großkapital.

Fortschrittliche Bildungs- und Kulturpolitik

Die wissenschaftlich-technische Revolution verlangt eine tiefgreifende Veränderung des gesamten Bildungs- und Berufsausbildungssystems. Die von den regierenden Kreisen vorgeschlagenen Reformen haben ein formiertes Bildungssystem zum Ziel, das der Festigung ihres Systems, der Erweiterung ihres Profits und ihrer Macht dienen soll. Die von der DKP angestrebte demokratische Erneuerung der gesellschaftlichen Verhältnisse in der Bundesrepublik erfordert die Befreiung des Bildungswesens und des kulturellen Lebens aus der Abhängigkeit vom kapitalistischen Profit, von staatsmonopolistischen Formierungsbestrebungen und vom Druck der reaktionären Ideologie.

Die DKP fordert daher die Arbeiter, Angestellten, Geistes- und Kulturschaffenden, die Lehrer, Studenten, Lehrlinge, Schüler und Eltern zu gemeinsamen Kampfaktionen auf

für eine demokratische Bildungsreform, die alle Bildungsschranken für Kinder der arbeitenden Bevölkerung beseitigt und gleiche Bildungschancen für alle garantiert;

für die Einführung der obligatorischen Zehnklassenschule mit polytechnischer Bildung in schuleigenen Einrichtungen, für die Gesamtschule und ein einheitliches Schulsystem von den Vorschuleinrichtungen bis zur Hochschule; Beseitigung der Schranken, die den Übergang von einer Stufe oder einem Schultyp zum anderen erschweren; Mitbestimmung der Lehrer, Eltern und Schüler; völlige Schulgeld- und Lernmittelfreiheit; Einrichtung von leistungsfähigen Mittelpunktschulen auf dem Lande; zeitgemäßer Aus- und Neubau von Schulen und Hochschulen; Senkung der Klassenfrequenzen; Ausbildung einer ausreichenden Zahl von Lehrkräften;

für die Verwirklichung eines fortschrittlichen Berufsausbildungsgesetzes entsprechend den Vorschlägen der Gewerkschaften und Jugendverbände; Ausdehnung der Berufsschulzeit auf mindestens die Hälfte der Lehrzeit; Sicherung einer fundierten Lehrlingsausbildung, Verhinderung berufsfremder Tätigkeiten während der Lehre; Mitbestimmung der Gewerkschaften, Betriebsjugendvertretungen und Lehrlinge in allen Fragen der Ausbildung;

für die allseitige Förderung des Sportunterrichts an den Schulen und Berufsschulen; ausreichende Bereitstellung von Sportstätten für die Jugend und die gesamte Bevölkerung; kostenlose Benutzung der Sportanlagen für Kinder und Jugendliche;

für die Durchsetzung einer Hochschulreform, die Lehre und Forschung von kapitalistischen Rüstungs- und Profitinteressen unabhängig macht und auf die Interessen des Volkes orientiert. Bereitstellung ausreichender finanzieller Mittel durch den Staat zur materiellen Gewährleistung dieser Unabhängigkeit. Sicherung des demokratischen Inhalts und Charakters der Lehr- und Forschungsarbeit durch gleichberechtigte Mitbestimmung der Studenten, Lehrer, Assistenten und des übrigen Personals in allen Fragen der Hochschulpolitik, Überwindung der autoritären Strukturen der Hochschulen, Gleichstellung technischer und pädagogischer Lehranstalten mit den Universitäten;

für die großzügigere Förderung der Erwachsenenbildung; kostenlose Lehrgänge für berufliche Weiterbildung und Umschulung, gesetzliche Garantie eines bezahlten Bildungsurlaubs;

für die Gewährung ausreichender familienunabhängiger staatlicher Beihilfen und Stipendien für Schüler, Studenten und Teilnehmer der beruflichen Weiterbildung und Erwachsenenbildung;

für die Befreiung der gesamten Schul- und Hochschulbildung von reaktionären Ideologien, von Nationalismus, Rassendiskriminierung und Kriegsverherrlichung. Gemeinsame Aktionen gegen nationalistische und revanchistische Propaganda im Unterricht. Freiheit für Vertreter des Marxismus an den Hochschulen. Das gesamte Bildungssystem muß auf die Übermittlung einer modernen humanistischen und naturwissenschaftlich-technischen Bildung gerichtet sein. Es muß den Anforderungen der Zukunft, der wissenschaftlich-technischen Revolution und der Notwendigkeit tiefer gesellschaftspolitischer Veränderungen gerecht werden.

Förderung eines von humanistischem und demokratischem Geist getragenen kulturellen Lebens; Befreiung des Kulturlebens und des Sports vom Profitinteresse der kapitalistischen Freizeitindustrie;

für die Trennung von Kirche und Staat; Gleichberechtigung aller religiösen und weltanschaulichen Bekenntnisse auch in den Massenmedien.

3. Unser sozialistisches Ziel

Die Deutsche Kommunistische Partei erstrebt als Ziel die sozialistische Umgestaltung der Gesellschaft. Sie ist überzeugt davon, daß die große Mehrheit der Arbeiterschaft und aller Werktätigen in unserem Land im Verlauf des Kampfes um ihre sozialen Rechte und um demokratische Veränderungen die Notwendigkeit des historischen Vorwärtsschreitens zu höheren menschlichen Lebensformen, zur sozialistischen Gesellschaft erkennen wird.

Der wissenschaftlich-technische Fortschritt, die Entwicklung der Produktivkräfte, die Konzentration der Produktion und des Kapitals, die Notwendigkeit, immer größere gesellschaftliche Mittel für Investitionen aufzuwenden, die Unfähigkeit des spätkapitalistischen Systems, die sozialen und gesellschaftlichen Probleme unserer Zeit zu lösen, drängen zu einer neuen Gesellschaftsordnung, zum Sozialismus.

Die sozialistische Gesellschaftsordnung setzt die Erringung der politischen Macht durch die Arbeiterklasse im Bündnis mit den anderen werktätigen Volksschichten voraus. Der Sozialismus gründet sich wirtschaftlich auf das gesellschaftliche Eigentum an allen wichtigen Produktionsmitteln, auf die planvolle und rationelle Nutzung und Mehrung aller gesellschaftlichen Quellen und Mittel zum Wohle des ganzen Volkes.

Der Sozialismus befreit den arbeitenden Menschen von ökonomischer Ausbeutung und politischer Ohnmacht, von geistiger Bevormundung und moralischer Entwürdigung. Er gewährleistet allen Bürgern einen sicheren Arbeitsplatz und beständigen sozialen und kulturellen Fortschritt. Er gibt den arbeitenden Menschen mehr Rechte als je zuvor und ermöglicht allen Bürgern, wirksam das politische und gesellschaftliche Leben zu gestalten.

Er gibt jedem die Möglichkeit, seine Fähigkeiten und Talente, seine Persönlichkeit zu entfalten. Da in der sozialistischen Gesellschaft niemand an Rüstung und Krieg profitieren kann, sind auch die Ursachen imperialistischer Gewalt- und Eroberungspolitik beseitigt.

Die DKP erstrebt den für das arbeitende Volk der Bundesrepublik günstigsten Weg zum Sozialismus, einen Weg ohne Bürgerkrieg. Es waren immer die herrschenden reaktionären Klassen, die zur Rettung ihrer Macht und ihrer Vorrechte blutige Gewalt gegen das Volk anwandten. Nur im harten Klassen- und Volkskampf gegen den unvermeidlichen Widerstand der großkapitalistischen Interessengruppen kann die sozialistische und antimonopolistische Volksbewegung die Kraft erlangen, um die Reaktion an der Anwendung von Gewalt zu hindern. Die DKP will über die breite Entfaltung der demokratischen Aktion der Arbeiter und der anderen Werktätigen zur sozialistischen Umwälzung gelangen.

Die sozialistischen und fortschrittlichen Kräfte der Bundesrepublik werden, unter Berücksichtigung der Erfahrungen der internationalen und der deutschen Arbeiterbewegung die Formen und Methoden des Kampfes für den Sozialismus in der Bundesrepublik gemeinsam erarbeiten. Dabei ist infolge der andersgearteten geschichtlichen Situation und der unterschiedlichen Ausgangsbedingungen eine schematische Nachahmung des in der DDR und in anderen sozialistischen Ländern beschrittenen Weges nicht möglich.

Auf dem Weg zum Sozialismus sucht die DKP die Zusammenarbeit mit allen sozialistischen und antimonopolistischen Parteien, Organisationen und Kräften in der außerparlamentarischen Aktion wie im Ringen um eine starke Vertretung der Arbeiter- und Volksinteressen im Parlament. Diese Zusammenarbeit erstreben wir auch beim Aufbau der sozialistischen Gesellschaft.

4. Arbeitereinheit, Bündnis und Kommunisten

Die grundlegende Veränderung des politischen Kurses in unserem Lande, die demokratische Erneuerung von Staat und Gesellschaft können nur errungen werden, wenn die Arbeiterklasse und alle demokratischen Kräfte den herrschenden Kreisen und ihren Parteien mit vereinter Macht und in vereinten Aktionen entgegentreten. Diese gesellschaftliche Gegenkraft muß sich in eigenen Alternativen zur Politik der Herrschenden, in Betrieben, Dörfern, Hochschulen und Schulen, in sozialen Bewegungen und politischen Aktionen manifestieren. Sie wird sich aus eigenständigen, aber auf gemeinsame Ziele gerichteten Initiativen verschiedener politischer Gruppierungen und Persönlichkeiten entwickeln. Sie wird stärker werden durch das Fortschreiten vom gemeinsamen Kampf um Einzelforderungen zum Kampf für die Verwirklichung eines gemeinsamen Programmes der demokratischen Erneuerung.

Die demokratischen Bewegungen werden zur Offensive, zur Änderung des politischen Kurses gelangen, wenn Kommunisten und Sozialisten darauf hinwirken, daß sich die Arbeiterklasse und ihre Organisationen ihrer Verantwortung bewußt werden und entsprechend handeln. So wird die Arbeiterklasse zur einigenden Kraft aller Volksschichten.

Die Arbeiterklasse als Hauptkraft

Ihre Stellung als ausgebeutete Klasse in der kapitalistischen Großproduktion, ihre Stärke, Organisiertheit und Solidarität machen die Arbeiterklasse objektiv zur Hauptkraft der gesellschaftsverändernden Bewegung. Als Arbeiterpartei will die DKP der Arbeiterklasse den Gegensatz ihrer Interessen zu denen des Monopolkapitals bewußt machen. Sie will ihr die Einsicht in den Zusammenhang ihrer sozialen Lage mit den wirtschaftlichen und politischen Machtverhältnissen wie mit der Politik der Regierung vermitteln. Wir Kommunisten wollen den sozialen, ökonomischen und politischen Kampf zusammen mit allen Arbeitern und Angestellten führen und sie von den gemeinsamen Interessen mit der Arbeiterklasse der DDR, der anderen sozialistischen Staaten und der kapitalistischen Länder überzeugen.

Durch die Veränderungen in Wirtschaft und Technik wandelt sich die Struktur der Arbeiterklasse. Die Zahl der unselbständig Beschäftigten umfaßt mit ihren Familienangehörigen rund 80 Prozent der Bevölkerung und wird weiter steigen. Zur Arbeiterklasse gehört heute nicht nur die Industriearbeiterschaft, sondern auch die große Mehrheit der Angestellten und Beamten, der Techniker, Ingenieure und Wissenschaftler.

Automation und Steigerung der Arbeitsproduktivität haben zur Folge, daß der Anteil der unmittelbar in der materiellen Produktion tätigen Industriearbeiter zurückgeht. Dagegen wächst die Zahl der Angestellten und der in den Dienstleistungsbereichen Beschäftigten. Traditionelle Berufe verlieren an Bedeutung. Angelernte Arbeiter, Facharbeiter und Angestellte mit wissenschaftlich-technischen Spezialkenntnissen werden mehr und mehr in der materiellen Produktion vorherrschen.

Trotz dieser strukturellen Veränderungen aber bleibt die gesellschaftliche Stellung der Arbeiterklasse als ausgebeutete und abhängige Klasse unverändert. Ihr zahlenmäßiges Anwachsen, ihre Konzentration in Großbetrieben vergrößert ihre gesellschaftliche Bedeutung. Ohne sie sind keine grundlegenden demokratischen und fortschrittlichen Veränderungen in der Bundesrepublik zu erreichen.

Die DKP wendet sich gegen die Auffassung, die Arbeiterklasse habe aufgehört, eine revolutionäre Kraft zu sein, sie sei in das bestehende System integriert worden. Der Arbeiterklasse ihre Rolle als revolutionäre Kraft bewußt zu machen, erfordert die wirkungsvolle Vertretung ihrer Interessen. Es verlangt eine ausdauernde politische und ideologische Überzeugungsarbeit. Es erfordert die Überwindung der ihr Denken noch stark beeinflussenden bürgerlichen und rechtssozialdemokratischen Anschauungen. Ihre Kraft wird um so wirksamer sein, je stärker die Arbeiterschaft sich gewerkschaftlich und politisch organisiert und je geschlossener sie für ihre Klasseninteressen handelt.

Gewerkschaften, Sozialdemokraten und Kommunisten

Wir Kommunisten setzen uns für die Herstellung der Aktionseinheit aller kommunistischen, sozialdemokratischen und christlichen Kräfte der Arbeiterbewegung ein.

Die DKP ist für starke Gewerkschaften. Ihre Mitglieder unternehmen alle Anstrengungen, Arbeiter und Arbeiterinnen, Angestellte und Beamte, Techniker und wissenschaftliche Fachkräfte gewerkschaftlich zu organisieren und die Solidarität aller Werktätigen zu stärken. Wir werden die den Arbeiterinteressen dienenden gewerkschaftlichen Beschlüsse verwirklichen helfen. Wir setzen uns für die parteipolitische Unabhängigkeit der Gewerkschaften ein.

Das Wirken der DKP für die Interessen des arbeitenden Volkes, gegen das monopolkapitalistische System steht im Einklang mit dem Streben der Gewerkschaften nach Mitbestimmung, nach einem größeren Einfluß aller Arbeiter und Angestellten in Wirtschaft und Staat.

Als Verfechter der Einheitsgewerkschaft, in der wir eine der großen Errungenschaften der Arbeiterbewegung sehen, werden wir allen Tendenzen, zu ihrer Eingliederung in das bestehende Herrschaftssystem, zur Spaltung und Schwächung der gewerkschaftlichen Kampfkraft, zur Minderung ihrer Rolle als Klassenorganisation, entgegentreten und alle antigewerkschaftlichen Angriffe der herrschenden Kreise zurückweisen.

Die Interessen der Arbeiterklasse, einer demokratischen und fortschrittlichen Entwicklung in der Bundesrepublik verlangen das gemeinsame Handeln aller Kommunisten, Sozialdemokraten und Links-Sozialisten. Die DKP strebt nach einem vertrauensvollen und kameradschaftlichen Verhältnis zu den Mitgliedern und Anhängern, zu den Organisationen der SPD. Bestehende Meinungsverschiedenheiten werden uns nicht daran hindern, die gemeinsamen Interessen gemeinsam zu verfechten. Diese Gemeinschaft besteht heute im Kampf gegen Neonazismus, autoritäre Herrschaftsmethoden und Militarisierung des gesellschaftlichen Lebens. Sie besteht im Ringen um die Mitbestimmung, um die sozialen Interessen, um demokratische Gesellschaftsreformen, um die Sicherung des Friedens. Wir Kommunisten erstreben diese Zusammenarbeit auch für die Zukunft, im Kampf um die sozialistische Umgestaltung der Bundesrepublik.

Die DKP unterschätzt nicht die Schwierigkeiten, die der Zusammenarbeit von Sozialdemokraten und Kommunisten noch entgegenstehen. Führende Kräfte der SPD vertiefen mit Antikommunismus und bürgerlichen Theorien die Spaltung der Arbeiterbewegung. Sie versuchen, die Aktionseinheit, das Zusammenwirken von Kommunisten und Sozialdemokraten zu verhindern. Die opportunistische Theorie und Praxis der Zusammenarbeit mit dem Großkapital und der Anpassung an das kapitalitische System hat, wie die bitteren Erfahrungen der deutschen Arbeiterbewegung beweisen, immer nur der Reaktion genützt.

Diese Erfahrungen und die Verantwortung, die die Sozialdemokraten für die Entwicklung der Bundesrepublik tragen, sollte sie veranlassen, sich dafür einzusetzen, daß die verhängnisvolle Gemeinsamkeitspolitik sozialdemokratischer Führer mit dem Großkapital und seinen Parteien beendet wird und die sozialdemokratische Partei eine selbständige Alternative gegen die CDU/CSU-Politik vertritt.

Die DKP und die Jugend

Starke Kräfte der Jugend haben sich in das politische Geschehen eingeschaltet. Junge Arbeiter, Schüler und Studenten wenden sich gegen die autoritären Machtstrukturen in der Gesellschaft, im Betrieb, an Hochschulen und Schulen.

In der Protestbewegung gegen die Atomrüstung und den schmutzigen Krieg der USA in Vietnam, gegen die Manipulierung der öffentlichen Meinung durch den Springer-Konzern, gegen Notstandsgesetzgebung und Notstandspraktiken haben sich Ansätze zu einheitlichen Aktionen der studentischen und der Arbeiterjugend gebildet. Immer nachdrücklicher fordern die Lehrlinge und jungen Arbeiter eine moderne Berufsausbildung, die Studenten eine demokratische Hochschulreform. In der jungen Generation entwickeln sich fortschrittliche Kräfte, die nach gesellschaftlichen Veränderungen streben.

Bewegungen, Protest und Unwillen unter der Jugend haben ihre Ursache nicht im Generationskonflikt, sondern in den Widersprüchen der Gesellschaft, die vom Großkapital beherrscht wird. Dieses System ist nicht in der Lage, der Jugend eine sinnvolle Zukunft, die Entfaltung ihrer Fähigkeiten zu ermöglichen.

Die Forderungen der Jugend können nur verwirklicht werden im Kampf um eine demokratisch erneuerte Gesellschaft. Die DKP unterstützt die jungen Arbeiter, Studenten und Schüler und die von ihnen ausgehenden fortschrittlichen Initiativen für Mitbestimmung in Staat und Gesellschaft, in Betrieben und Hochschulen, ihre Bemühungen um eine moderne Berufsschul- und Hochschulbildung, um die freie Entfaltung der Persönlichkeit. Die Aktionen der Jugend werden um so erfolgreicher sein, je mehr sich junge Arbeiter und Studenten die geschichtlichen Erfahrungen der Arbeiterbewegung, die Theorie von Marx, Engels und Lenin zu eigen machen. Das wird es erleichtern, fortschrittliche Jugend und Arbeiterschaft in der Aktion zu verbinden und wirkungsvolle Kampfformen zu wählen.

Die demokratische und sozialistische Jugend wird die Kommunisten als aktive Kampfgenossen an ihrer Seite finden.

Die Frau in der Gesellschaft

Mehr als die Hälfte der Bevölkerung in der Bundesrepublik sind Frauen. Die Zahl der berufstätigen Frauen nimmt ständig zu. Ohne ihre Arbeit in den Fabriken, Büros und im Dienstleistungsbereich ist das Wirtschaftsleben in unserem Land undenkbar geworden.

Aber den Frauen wird entgegen dem Verfassungsauftrag die Gleichberechtigung im öffentlichen Leben verwehrt. Ihre Chancen in der Ausbildung, im Beruf und in der öffentlichen Tätigkeit sind beschränkt. Es fehlen gesetzliche Grundlagen, um den Frauen die Doppelbelastung in Beruf und Haushalt zu erleichtern.

Wir Kommunisten sehen im Kampf für die Gleichberechtigung der Frau, gegen ihre Benachteiligung in der Gesellschaft eine der besten Traditionen der Arbeiterbewegung. Die Gleichberechtigung der Frau und die Demokratisierung des gesamten gesellschaftlichen Lebens sind nicht voneinander zu trennen.

Es ist die Aufgabe der Kommunisten und aller fortschrittlichen Kräfte, den Frauen in den Betrieben und Büros, in Handel und Verkehr, an den Schulen, Universitäten und in den Labors zu helfen, selbstbewußt für ihre eigenen Forderungen einzutreten, sie in die gewerkschaftlichen Organisationen und Aktionen einzubeziehen. Wir sollten bestrebt sein, die berufstätigen Frauen ebenso wie die Hausfrauen für den aktiven Kampf um den gesellschaftlichen Fortschritt, für Demokratie und Frieden zu gewinnen.

Arbeiter und Bauern

Sozialistische Arbeiterpolitik ist zugleich Bündnispolitik mit allen vom Monopolkapital unterdrückten Schichten. Nächst den Arbeitern und Angestellten werden die Bauern am meisten ausgebeutet. Der kapitalistische Konzentrationsprozeß in der Landwirtschaft führt zu einer zunehmenden Differenzierung in der Bauernschaft und dazu, daß immer mehr Bauernhöfe Neben- und Zuerwerbsstellen werden und viele Bauern in Lohnabhängigkeit geraten.

Der Widerspruch zwischen den Landarbeitern, Nebenerwerbsbauern und der gesamten Bauernschaft auf der einen Seite, dem Monopolkapital und den mit ihm liierten landwirtschaftlichen Großunternehmen auf der anderen Seite macht die Bauernschaft zum potentiellen Verbündeten der Arbeiterklasse im antimonopolistischen Kampf. Es liegt im Interesse der Arbeiterbewegung, die Bauern bei der Verteidigung ihrer Betriebe, bei der Entwicklung von Genossenschaften unter demokratischer Selbstverwaltung zu unterstützen und so auch die demagogischen Einflüsse des Neonazismus und der Reaktion auf dem Lande zurückzudrängen.

Arbeiter und Intelligenz

Unter den Bedingungen der wissenschaftlich-technischen Revolution erhöht sich zunehmend die Rolle der Intelligenz in Wirtschaft, Politik und Gesellschaft. In der Intelligenz vollzieht sich ein politischer und sozialer Differenzierungsprozeß. Infolge ihrer Arbeit in großen Industriebetrieben, Forschungsstätten und Hochschulen nähert sich die gesellschaftliche Stellung großer Teile der Intelligenz immer mehr jener der Arbeiter und Angestellten an. Sie wird in steigendem Maße Ausbeutungsobjekt des Großkapitals. Diese Veränderung ihrer Lage, ihrer Arbeits- und Lebensbedingungen ist vielen Angehörigen der Intelligenz noch nicht bewußt. Aber immer mehr Intellektuelle, die ihre gesellschaftliche Verantwortung, den Widerspruch zwischen ihren Interessen und dem monopolkapitalistischen System erkennen, suchen heute das Bündnis mit den Arbeitern. Dieses Bündnis weiterzuentwickeln, vor allem die technische Intelligenz an die Arbeiterbewegung und die demokratische Volksbewegung heranzuführen, ist eine wichtige Aufgabe und wesentliche Voraussetzung für das erfolgreiche Ringen um Demokratie und Fortschritt.

Mittelstand, kleine und mittlere Unternehmer

Das gemeinsame Interesse an Frieden und Demokratie verbindet die Arbeiterklasse auch mit den Gewerbetreibenden und Handwerkern, mit den Einzelhändlern und der nichtmonopolistischen Bourgeoisie, die unter dem Druck der übermächtigen Konkurrenz der großen Konzerne stehen. Diese Schicht vom Einfluß der reaktionären Kräfte zu lösen und in die demokratische Bewegung einzubeziehen, ist eine bedeutsame politische Aufgabe. Die Unterstützung ihrer Forderungen gegen die Monopole und gegen die reaktionäre staatliche Wirtschafts- und Finanzpolitik, der gemeinsame Kampf für eine Friedenswirtschaft liegt im Interesse aller fortschrittlichen Kräfte.

Zusammenarbeit aller Demokraten

Die DKP ist für das Zusammenwirken aller Demokraten. Sie wird, wo immer es um die Abwehr von Angriffen des Monopol- und Rüstungskapitals, seiner Parteien, der CDU/CSU und der NPD, wo es um die Verteidigung und Erweiterung der demokratischen und sozialen Rechte des Volkes, wo es um Frieden und Sicherheit geht, den gemeinsamen Interessen aller Volkskräfte den Vorrang geben.

Sie ist zur partnerschaftlichen, gleichberechtigten Zusammenarbeit mit anderen sozialistischen und demokratischen Kräften bereit. Sie sucht das Gespräch und das Zusammenwirken mit allen fortschrittlichen und friedliebenden christlichen Werktätigen. Die großen gesellschaftlichen Veränderungen unserer Zeit haben unter vielen Gläubigen beider christlicher Bekenntnisse eine Wandlung in ihrem politischen Denken und Handeln hervorgerufen. Die Teilnahme zahlreicher evangelischer Geistlicher und Laien am Kampf gegen die Atomrüstung und gegen Notstandsgesetze, die neuen Strömungen in der katholischen Kirche ermöglichen eine breitere Zusammenarbeit von Kommunisten und Christen im Kampf um eine friedliche Welt und um den gesellschaftlichen Fortschritt.

Die DKP ist Teil der außerparlamentarischen Bewegung für Frieden, Demokratie und sozialen Fortschritt und Partner im demokratischen Bündnis, das um eine parlamentarische Vertretung der Volksinteressen kämpft. Für die Einigung der Volkskräfte wird die DKP ihren eigenen Beitrag leisten und nicht darauf verzichten, dem Antikommunismus, der diese Einigung behindert, entgegenzutreten. Sie wird stets die Ideen von Marx, Engels und Lenin und ihr sozialistisches Ziel verfechten.

Die marxistische Partei der Bundesrepublik

Die Lehren eines mehr als hundertjährigen Kampfes der Arbeiterbewegung und die Erfahrungen der Nachkriegsentwicklung zeigen, daß die Arbeiter und alle Werktätigen der Bundesrepublik eine revolutionäre Arbeiterpartei brauchen.

Die DKP ist eine Gemeinschaft von gleichgesinnten Arbeitern und Werktätigen, die aktiv den Kampf für Demokratie und Sozialismus führen. Die Kommunisten gründen ihre Tätigkeit auf die Lehre von Marx, Engels und Lenin und machen sich die Grundsätze und Ziele der Partei zu eigen. Die DKP ist eine organisierte Gemeinschaft, die ihre Mitglieder in Parteigruppen erfaßt und sich eng mit den arbeitenden Menschen verbindet. Die DKP ist eine demokratische Kraft. Die Ausarbeitung ihrer Politik vollzieht sich in der Diskussion und aktiven Mitwirkung ihrer Mitglieder.

Die Parteimitglieder verpflichten sich, demokratisch gefaßte, für alle verbindliche Beschlüsse der Parteitage und der gewählten Organe zu verwirklichen. Die DKP ist bestrebt, die marxistischen Kenntnisse ihrer Mitglieder zu erweitern. Mitglieder der DKP überwinden kritisch die Mängel in der Partei und in der eigenen Arbeit. Sie suchen stets nach neuen Wegen zur Überzeugung der arbeitenden Menschen, der jungen Generation, zu ihrer Gewinnung für die Partei und für die Verwirklichung ihrer Ziele.

Die DKP ist bestrebt, den Marxismus auf die konkreten gesellschaftlichen Bedingungen und die neuen Erscheinungen des sozialen und politischen Lebens in der Bundesrepublik anzuwenden. So will sie ihren Beitrag zur Bereicherung der marxistischen Theorie leisten. Die DKP entwickelt und stärkt sich im ständigen politischen und ideologischen Kampf gegen die der Arbeiterklasse feindlichen bürgerlichen und antimarxistischen Theorien und Strömungen. Sie wendet sich gegen den modernen Revisionismus, der die theoretischen und politischen Grundlagen des Marxismus zu verfälschen versucht und die allgemeingültigen Gesetzmäßigkeiten des Klassenkampfes vereint. Die DKP wendet sich gegen den Dogmatismus, der im Marxismus nicht eine lebendige Wissenschaft, sondern eine Sammlung starrer Formeln sieht, und der zu einer sektiererischen, abenteuerlichen politischen Praxis führt. Die DKP wendet sich gegen den Nationalismus, der den Interessen der internationalen Arbeiterbewegung schadet, die Solidarität und die gemeinsame Aktion der sozialistischen und antiimperialistischen Kräfte untergräbt.

Die DKP bekennt sich zu den Prinzipien des proletarischen Internationalismus. Sie leistet ihren Beitrag zur Einheit und

Stärkung der kommunistischen Weltbewegung. Sie wird freundschaftliche Kontakte zu den anderen kommunistischen und Arbeiterparteien herstellen und bestrebt sein, ihre guten Beziehungen zu den Kommunisten in aller Welt für die Interessen der Arbeiterklasse und für die Bevölkerung der Bundesrepublik dienstbar zu machen.

Wer die Welt verändern will, muß sie erkennen. Wer sich befreien will, braucht Genossen. Wer Kraft entfalten will, muß sich organisieren. Wer ein freies menschliches Leben erringen, die Zukunft gewinnen will, muß kämpfen.

Die Deutsche Kommunistische Partei hat sich nicht um ihrer selbst willen gebildet. Sie dient der Arbeiterklasse und dem Volk. Sie wirkt mit den Arbeitern für die Arbeiter, mit der Jugend für die Jugend, mit dem Volk für das Volk.

6. Abschlußresolution des Kongresses „Mitbestimmung in Wissenschaft und Ausbildung — für Demokratie und sozialen Fortschritt vom 16. Dezember 1970

Der immer deutlicher werdende Druck der konservativen und reaktionären Sammlungsbewegung gegen Friedens- und Entspannungspolitik nach außen, gegen fortschrittliche und sozialistische Bewegungen und gegen jeden Ansatz von demokratischen Reformen im Inneren macht auch vor dem Hochschulbereich nicht halt. Seinen organisatorischen Ausdruck findet er in Gestalt des

„Bundes Freiheit der Wissenschaft".

Auswirkungen dieser antidemokratischen Bestrebungen sind bereits erkennbar in einigen Bestimmungen der vorliegenden Entwürfe für ein Hochschulrahmengesetz und ein Ausbildungsförderungsgesetz ebenso wie im Versagen der KMK in der Reform der Lehrerbildung. Erste in manchen Landeshochschulgesetzen enthaltene Ansätze von Mitbestimmungsmöglichkeiten für die im Wissenschafts- und Ausbildungsbereich Tätigen sind in Gefahr, zugunsten einer vornehmlich im Interesse von Großindustrie und Staatsbürokratie erfolgenden zentralen Planung wieder aufgehoben zu werden.

Die wissenschaftlich-technische Revolution bewirkt eine quantitative Steigerung und qualitative Veränderung im System der Produktivkräfte; Wissenschaft selbst ist unmittelbare Produktivkraft geworden. Die Effektivität der industriellen Produktion ist mehr denn je abhängig vom Entwicklungsstand der wissenschaftlichen Arbeit, von der Organisation der Forschung und der zielgerichteten Ausbildung wissenschaftlich qualifizierter Arbeitskräfte. Dies gilt nicht nur für die Naturwissenschaften und die Technik. Die optimale Entwicklung der Produktivkräfte erfordert den zielgerichteten Einsatz auch der Gesellschaftswissenschaften für die Grundlagen der Planung und verlangt die Entwicklung wissenschaftlicher Prognostik. Der Einsatz von Wissenschaft in der Produktion und in allen gesellschaftlichen Bereichen schafft objektiv die Voraussetzung, die Zukunft der Menschheit rational zu planen und die schöpferischen Kräfte des Menschen freizusetzen.

Von zentraler Bedeutung ist dabei, wer diese Planung durchführt und zu wessen Nutzen, mit welchen Zielen und Inhalten dies geschieht.

Die Frage zu stellen und sie im Interesse der arbeitenden Menschen zu beantworten, ist nicht nur Sache der Studenten und anderer Hochschulangehörigen; wie sie gelöst wird, ist von entscheidender Bedeutung für die friedliche und humane Zukunft unserer Gesellschaft überhaupt.

Die Mehrheit der Bevölkerung, die lohnabhängig Arbeitenden und ihre Gewerkschaften sowie die Hochschulangehörigen haben darum ein gemeinsames Interesse an demokratischer Ausbildung und Wissenschaft und müssen ihr Bemühen um Zusammenarbeit verstärken.

In diesem Zusammenhang nimmt die Forderung nach Mitbestimmung in allen gesellschaftlichen Bereichen eine zentrale Stellung ein. Die Durchsetzung der Mitbestimmung soll eine weitere Formierung des Wissenschafts- und Ausbildungsbereiches verhindern, sie soll die demokratische Reform des Bildungswesens vorantreiben; sie soll es ermöglichen, offen zu gestaltende Lern- und Lehrinhalte an die Stelle reaktionärer zu setzen; sie soll den arbeitenden Menschen in die Lage versetzen, über die Gestaltung und Planung seiner Zukunft mitzuentscheiden und sozialen Fortschritt einzuleiten. Die Forderung nach Mitbestimmung ist deshalb Ausgangspunkt für den gemeinsamen Kampf um:

— Durchsetzung der integrierten Gesamtschule mit einer demokratischen Struktur, neuen Lehr- und Lerninhalten;
— Integration der Berufsausbildung in die integrierte Gesamtschule, Aufhebung der persönlichen Abhängigkeit der Lehrlinge von ihren Ausbildern;

— Integration von Forschung, Lehre und Studium im Rahmen einer einheitlichen wissenschaftlichen Ausbildung in einer demokratisch verfaßten Gesamthochschule;
— das Recht der abhängig Arbeitenden auf ständige Weiterbildung und Mitbestimmung im Betrieb.

Bei unterschiedlicher politischer Grundhaltung verstehen die Versammelten den Kongreß als Beitrag für Initiativen im Kampf um Mitbestimmung und Demokratisierung des Ausbildungswesens und für die gemeinsame Abwehr reaktionärer Kräfte im Hochschulbereich wie in der Gesellschaft.

Sie setzen sich dafür ein, daß die ausgesprochenen Forderungen in den Hochschulen vertieft werden und rufen aus Anlaß der bevorstehenden Verabschiedung eines Hochschulrahmengesetzes dazu auf, in Informationstagen zu Beginn des Jahres 1971 an den einzelnen Hochschulen in diesem Sinne zu wirken und restriktive Tendenzen des in Aussicht genommenen Gesetzes zu bekämpfen.

Gewerkschaft Erziehung und Wissenschaft
Bundesassistentenkonferenz
Aktionsgruppe der Hochschullehrer
an der FU West-Berlin
Verband Deutscher Studentenschaften

7. Grundsatzerklärung des Marxistischen Studentenbundes Spartakus (MSB/Spartakus) vom 20.—21. Mai 1971

Die Krise des Hochschulwesens in der Bundesrepublik ist offenkundig geworden. Überfüllung und miserable Studienbedingungen, Bildungsprivileg und numerus clausus, Schmalspurausbildung und Prüfungsdruck, unzureichende Ausbildungsförderung, die Entwicklung von Kriegsforschung und Vernichtungstechnik, reaktionäre Lehrinhalte und die Degradierung zur Untertanenfabrik, so ist die Lage an unseren Hoch- und Fachhochschulen. Ein großer Teil der Studenten ist nicht mehr bereit, sich damit abzufinden und organisiert sich im Kampf gegen die Formierung von Wissenschaft und Ausbildung.

Studenten reihen sich ein in die Bewegung gegen Neofaschismus und Rechtsentwicklung, für Frieden in Europa und die Solidarität mit allen vom Imperialismus unterdrückten und um ihre Befreiung kämpfenden Völkern, insbesondere mit den Völkern Indochinas. Dadurch geraten sie in Widerspruch zur Politik der systemtragenden Parteien in der Bundesrepublik.

Die Ursachen all dieser Konflikte liegen in den Besitz- und Machtverhältnissen in unserem Land. Das Privateigentum an Produktionsmitteln hat dazu geführt, daß sich die ökonomische Macht in den Händen einer immer kleineren Schicht von Monopolherren konzentriert. Diese ökonomische Macht bedeutet auch politische Macht, — die ihrerseits den Monopolisierungsprozeß weitertreibt. Dem Profit- und Machtstreben, dem bestimmenden Wesenszug des Monopolkapitals, werden zunehmend alle Bereiche der Gesellschaft, also auch Wissenschaft und Ausbildung, unterworfen.

Diese zunehmende Konzentration und Zentralisation des Kapitals verstärkt alle antidemokratischen und aggressiven Tendenzen des Systems: Notstandspraxis und Meinungsmanipulation nach innen, nach außen Großmachtpolitik, Revanchismus und Aggressivität gegen die sozialistischen Länder. Während die Rüstungsausgaben ständig steigen, werden die Investitionen für Bildung und Erziehung konstant vernachlässigt.

Der Kapitalismus in seinem imperialistischen Stadium, dessen Grundlage die Herausbildung und Herrschaft der Monopole ist, verschärft den grundlegenden Widerspruch des Kapitalismus zwischen dem gesellschaftlichen Charakter der Produktion und der privaten Aneignung ihrer Ergebnisse. Der sich aus dem Stand der Produktivkräfte ergebenden Notwendigkeiten der gesamtgesellschaftlichen Prognose und Planung stehen das Privateigentum an Produktionsmitteln und die Konkurrenz um Extraprofite entgegen.

Diese Verschärfung des Widerspruchs zwischen Produktivkräften und kapitalistischen Produktionsverhältnissen zwang zur Verflechtung der Macht der Monopole mit der Macht des Staates, zur Herausbildung des staatsmonopolistischen Kapitalismus, der die reaktionäre Macht der Monopole erhalten und den objektiv herangereiften Übergang zum Sozialismus verhindern soll.

Die Widersprüche dieses staatsmonopolistischen Systems in der BRD spitzen sich mit der Entwicklung der wissenschaftlich-technischen Revolution weiter zu. In der wissenschaftlich-technischen Revolution wird Wissenschaft zur unmittelbaren Produktivkraft. Die Ergebnisse der Wissenschaft finden nicht nur mehr sporadisch und planmäßig Anwendung in der Produktion, sondern heute ist das wirtschaftliche Wachstum wesentlich abhängig von der Entwicklung in der wissenschaftlichen Arbeit, von der Abstimmung der Forschung auf die Bedürfnisse der Produktion und von der praktischen Anwendung der Ergebnisse der Wissenschaft.

Im staatsmonopolistischen Kapitalismus werden Wissenschaft und Forschung zwar gesellschaftlich betrieben und finanziert, ihre Ergebnisse aber eignen sich die Monopole im Interesse ihres Profits und ihrer Macht an.

Rückständiges Bildungswesen

Die Rückständigkeit des Bildungswesens in der BRD wurde zur Schranke für das Profit- und Machtstreben des Großkapitals. Um ihr System zu stabilisieren, um in der internationalen Konkurrenz zu bestehen, vor allem aber, um in der Systemauseinandersetzung mit den sozialistischen Ländern nicht weiter an Boden zu verlieren, verstärken die Monopole ihre Anstrengungen, die Wissenschaft in den Griff zu bekommen, zu lenken und in ihrem Interesse zu formieren.

Die Veränderungen im Hochschulbereich, wie sie von der CDU/CSU, der SPD und der FDP propagiert werden, haben einzig und allein die Festigung der bestehenden Ausbeuterordnung, die Effektivierung des staatsmonopolistischen Systems zum Inhalt; CDU/CSU, SPD und FDP betreiben die Hochschulpolitik vorrangig mit dem Ziel, jeden Ansatz einer Demokratisierung der Hochschule im Keim zu ersticken. Ihnen geht es vor allem um die Disziplinierung der Studenten durch reaktionäre Hochschulgesetze und einen verschärften Prüfungs- und Leistungsdruck. Während die CDU/CSU dieses Ziel durch offene Unterdrückungsmaßnahmen erreichen will, während die FDP jeden Ansatz von wirklicher Mitbestimmung in der Hochschulgesetzgebung bekämpft, verbindet die SPD-Führung mit ihrer Formierungspolitik zugleich die Absicht, durch eine Taktik der minimalen Konzessionen die demokratischen Kräfte mit dem System zu versöhnen und für seine Ziele zu aktivieren.

Von diesen Parteien haben die Studenten keine demokratischen Reformen zu erwarten. Sie müssen selber handeln. Nicht als Geschenk der Herrschenden, sondern nur als Ergebnis eines langen und konsequenten Kampfes sind soziale Verbesserungen, demokratische Rechte und eine grundlegende demokratische Erneuerung des Hochschulwesens in der Bundesrepublik zu erreichen. Nur als Teil des gesamtgesellschaftlichen Kampfes gegen die Monopolherrschaft, als untrennbarer Bestandteil einer antimonopolistischen und sozialistischen Alternative zum gesamten staatsmonopolistischen Herrschaftssystem kann dieser Kampf erfolgreich geführt werden.

Der Marxistische Studentenbund *Spartakus* versteht sich in diesem Kampf als aktive, organisierende und bewußtseinsbildende Kraft unter der Studentenschaft. Das gemeinsame Interesse der Mehrzahl der Studenten, ihre materielle und soziale Existenz zu sichern, auf Gestaltung und Inhalt des Studiums einzuwirken und ihre späteren Arbeitsplätze zu sichern, richtet sich heute objektiv gegen die Formierungspolitik der Monopole und ihres Staates.

Der wichtigste und stärkste Gegner der Monopolmacht ist die Arbeiterklasse. Dies folgt aus ihrer objektiven Klassenlage. Sie ist nicht nur die zahlenmäßig stärkste Klasse, sondern die einzige, die mit der Entwicklung der Produktion zahlenmäßig wächst. Sie ist das entscheidende Ausbeutungsobjekt des Monopolkapitals, durch ihre Stellung im Produktionsprozeß unmittelbar mit dem Kapitalismus konfrontiert. Ihre Konzentration, ihre Organisiertheit, die Tatsache, daß die Theorie von Marx, Engels und Lenin die wissenschaftliche Grundlage für den Kampf der Arbeiterklasse bildet, sichert ihr die führende Rolle. Der Platz der kämpfenden fortschrittlichen Studenten ist deshalb an der Seite der Arbeiterklasse.

Bildungsprivileg brechen!

Die Gemeinsamkeit der Interessen wird bereits heute wirksam in der Solidarisierung mit der Forderung der Arbeiter nach Mitbestimmung in Betrieb und Wirtschaft, Staat und Gesellschaft, mit dem Kampf der Arbeiterjugend für eine qualifizierte und demokratische Berufsausbildung, mit der Forderung, das Bildungsprivileg zu brechen. In unserer Epoche gewinnt die enge Verbindung der Intelligenz und der Arbeiterklasse im Kampf gegen das Großkapital immer größeres Gewicht, um die Probleme der wissenschaftlich-technischen Revolution im Interesse der Mehrheit der Bevölkerung zu lösen. Dabei müssen die Studenten tiefverwurzelte arbeiterfeindliche Vorurteile überwinden. Mit der wissenschaftlich-technischen Revolution geraten die Hochschulen mehr als bisher in das unmittelbare Feld der Klassenauseinandersetzungen; immer brennender wird für die Arbeiterklasse und die mit ihr verbündeten Klassen und Schichten, so auch für die Mehrheit der Intelligenz, die Frage, von wem und zu wessen Nutzen die Wissenschaft eingesetzt wird.

Die Interessen großer Teile der Studenten verflechten sich mit denen der Arbeiterklasse zusätzlich, weil sie perspektivisch lediglich über die eigene Arbeitskraft verfügen, zu deren lebenslangem Verkauf sie gezwungen sein werden. Sie werden zunehmender Arbeitsteilung und der Gefahr unterliegen, Qualifikation und Beschäftigung durch technische Umwälzungen und durch Krisen zu verlieren. Die überwältigende Mehrheit der Studenten hat mit der Arbeiterklasse ein gemeinsames Interesse an der friedlichen Nutzung wissenschaftlicher Ergebnisse, an der Ausbildung qualifizierter, dem gesellschaftlichen Fortschritt verpflichteter Wissenschaftler.

In der Bundesrepublik werden die Möglichkeiten der wissenschaftlich-technischen Revolution pervertiert, werden Produktivkräfte in steigendem Maße in Destruktivkräfte verwandelt. Damit wird einmal mehr deutlich, daß die spätkapitalistische Gesellschaftsordnung historisch überlebt ist, daß der wissenschaftlich-technische Fortschritt den gesellschaftlichen Fortschritt, den Sozialismus, erfordert.

Nur in der sozialistischen Gesellschaftsordnung wird die Wissenschaft endgültig frei von der Fessel, dem Profitinteresse einer Minderheit zu dienen. Nur in der sozialistischen Gesellschaftsordnung kann die Intelligenz, können die Studenten ihre wissenschaftlich gebildete Arbeitskraft schöpferisch zur planvollen Nutzung und Mehrung des gesellschaftlichen Reichtums und zum Wohle des werktätigen Volkes einsetzen.

Die sozialistische Gesellschaftsordnung setzt die Errichtung der politischen Macht der Arbeiterklasse voraus und gründet sich ökonomisch auf das gesellschaftliche Eigentum an allen wichtigen Produktionsmitteln.

Der Weg zum Sozialismus führt über den Kampf zur Veränderung des politischen Kräfteverhältnisses zugunsten der Arbeiterklasse und ihrer Verbündeten, über die Einschränkung und schließliche Brechung der Monopolmacht.

Den demokratischen Kampf offensiv führen!

Die Monopolherrschaft ist das eigentliche Zentrum des Profit- und Machtmechanismus des Spätkapitalismus. Ihr wohnt die Tendenz zum Abbau aller demokratischen Rechte und Freiheiten inne. Sie bedroht täglich die Lebensinteressen nicht nur der Arbeiterklasse, sondern auch die der anderen werktätigen Klassen und Schichten. Sie erzeugt gleichzeitig demokratische Bestrebungen in den Massen. Damit ist die Möglichkeit gegeben, breite Schichten in den antimonopolistischen demokratischen Kampf für Frieden, demokratische Rechte, sozialen Fortschritt und Mitbestimmung einzubeziehen. Der Kampf um die Zurückdrängung und schließliche Überwindung der Macht der Monopole ist gegenwärtig die Kernfrage revolutionärer Politik in der BRD.

Ziel dieses Kampfes ist die Errichtung einer fortschrittlichen Demokratie, in der die Arbeiterklasse als führende Kraft mit ihren Verbündeten auf der Grundlage der errungenen zentralen politischen Machtpositionen den entscheidenden politischen Einfluß in Staat und Gesellschaft ausübt und die Schlüsselindustrien und Banken in öffentliches Eigentum überführt. Die antimonopolistische Umwälzung hat einen großen eigenen Stellenwert im Ringen um Frieden, Demokratie und sozialen Fortschritt. Sie ist zugleich die notwendige Etappe des Kampfes, in der die entscheidenden Voraussetzungen für die sozialistische Revolution geschaffen werden. Um die Macht der Monopole zu brechen, bedarf es der gemeinsamen Anstrengung der vom Monopolkapitalismus unterdrückten Volksmassen, bedarf es ihrer Sammlung um die Arbeiterklasse in einem demokratischen Bündnis. Der antimonopolistische Kampf wird in dem Maße vorankommen, wie Klassenbewußtsein, Kampfkraft und Organisiertheit der Arbeiterklasse in unserem Lande wachsen.

In diesem Kampf bildet die Durchsetzung grundlegender demokratischer Reformen wichtige Stützpunkte. Antimonopolistische Reformen bedeuten: den gefährlichsten Kräften des Militarismus und der äußersten politischen Reaktion, dem Rechtskartell, Niederlagen zu bereiten, dem Monopolkapital Zugeständnisse abzuringen und seine Machtpositionen zu schwächen und zurückzudrängen. Solche tiefgreifende demokratischen Reformen können nur im Wege des Massenkampfes, der Konfrontation der Massen mit dem staatsmonopolistischen System durchgesetzt werden. Antimonopolistische Reformen haben zugleich große Bedeutung für die Heranführung der Massen an den Sozialismus. Denn im Kampf um solche Reformen wachsen die Kampferfahrungen der revolutionären Kräfte, entwickelt sich ihr Klassenbewußtsein, werden neue Kampf- und bessere Ausgangspositionen erobert, werden die Reihen der revolutionären Kräfte erweitert.

Die Verwirklichung des Sozialismus ist jedoch mehr als eine Reform oder eine Summe von Reformen, sie ist eine grundlegende gesellschaftliche Umwälzung. Nur eine Arbeiterklasse, die durch bewußten, organisierten Klassenkampf erzogen und zur Revolution befähigt wird, wird in der Lage sein, die Aufgaben des sozialistischen Aufbaus zu bewältigen.

Kampffeld Hochschule

Um dem Kampf der Studenten Richtung und Ziel zu geben, entwickelt der Marxistische Studentenbund *Spartakus*, ausgehend von den Interessen der arbeitenden Bevölkerung und der Mehrheit der Studenten, ein Programm der demokratischen Alternative zur Politik des Großkapitals im Wissenschafts- und Ausbildungssektor. Er entwickelt eine Strategie, die den Kampf an der Hochschule mit dem sozialen und politischen Gegenwartskampf überhaupt und dem Kampf um den Sozialismus verbindet.

Er wirkt im antiimperialistischen Kampf der demokratischen und sozialistischen Studenten als einigende Kraft, er entwickelt antimonopolistische, den sozialen und politischen Kampf verbindende Aktionsziele, wirkt für den gemeinsamen Kampf der Arbeiter- und Studentenbewegung.

Spartakus arbeitet eng mit solchen Studentengruppen zusammen, die ebenfalls für Mitbestimmung und Demokratisierung der Hoch- und Fachhochschulen eintreten. Er unterstützt die Forderungen und Initiativen demokratischer Kräfte außerhalb der Hochschulen, die eine demokratische Hochschulreform zum Inhalt haben.

Er arbeitet insbesondere eng mit den fortschrittlichsten Teilen der Arbeiterbewegung zusammen. Er weiß sich der Deutschen Kommunistischen Partei durch die gemeinsame marxistische Theorie, das sozialistische Ziel und die gemeinsame antimonopolistische Orientierung im Hochschulkampf solidarisch verbunden.

Der Marxistische Studentenbund *Spartakus* ist eine aktive und initiative Kraft im Kampf gegen die Formierung der Hoch- und Fachhochschulen.

Er verteidigt jedes demokratische Recht der Studentenschaft, jede demokratische Errungenschaft vor dem Zugriff der Reaktion.

Er wirkt aktiv in den Organen der Studentenschaft und unterstützt die Weiterentwicklung des vds als fortschrittlichen Dachverband aller westdeutschen Studentenschaften.

Als politischer Studentenverband kämpf er zugleich beharrlich für die sozialen Interessen der Studenten, für eine umfassende Verbesserung der Studienbedingungen, für eine qualifizierte Ausbildung, die breite Disponibilität sichert.

Er orientiert die Studenten auf die konsequente Mitarbeit in den Gewerkschaften während des späteren Berufslebens, weil er darin einen Beitrag zur Überwindung des bornierten bürgerlichen Akademismus, zur Heranführung der Studenten an den praktischen demokratischen und revolutionären Kampf in Fabrik, Schule, Büro und Labor, zur Stärkung der breitesten Massenorganisation der Arbeiter und Angestellten gegenüber dem Monopolkapital sieht.

Der Marxistische Studentenbund *Spartakus* sieht in der Durchsetzung von Mitbestimmung und demokratischer Kontrolle über Forschungsplanung, Verwertung von Forschungsergebnissen, Lehre, Studium und Stellenbesetzungen durch die Hochschulangehörigen und die Arbeiterorganisationen das zentrale Kettenglied im Kampf für eine fortschrittlich-demokratische Hochschulreform, als Teil des Ringens für Demokratie und Sozialismus.

Die Kraft des Marxismus

Den Weg zu Demokratie und Sozialismus weist die Theorie von Marx, Engels und Lenin, der wissenschaftliche Sozialismus. Aus den sich verschärfenden Widersprüchen des staatsmonopolistischen Kapitalismus, der Systemauseinandersetzung zwischen Sozialismus und Kapitalismus erklärt sich das wachsende Interesse am Marxismus in den imperialistischen Ländern, erklärt sich, daß gerade auch Studenten in der Beschäftigung mit dem Marxismus Antwort auf die brennenden Probleme der gesellschaftlichen Entwicklung in der Gegenwart suchen.

Die Entwicklung der westdeutschen Studentenbewegung beweist, daß die konkrete Anwendung des Marxismus von entscheidender Bedeutung für den erfolgreichen Verlauf der politischen Bewegung an den Hoch- und Fachhochschulen ist.

Der Marxistische Studentenbund *Spartakus* verbreitet die Theorie von Marx, Engels und Lenin unter den Studenten. Nur in Verbindung mit dem Marxismus und den Erfahrungen der internationalen Arbeiterbewegung und der gesamten antiimperialistischen Bewegung können die Studenten in der Aktion politisches Bewußtsein entwickeln, sich bewußt und konsequent auf die Seite der Arbeiterklasse und des gesellschaftlichen Fortschritts stellen und die geistige Manipulation durch die bürgerliche Wissenschaft durchbrechen.

Die Mitglieder des *Spartakus* eignen sich daher die Theorie von Marx, Engels und Lenin und die Erfahrungen der Internationalen Arbeiterbewegung, der gesamten antiimperialistischen Bewegung, an.

Der Marxistische Studentenbund *Spartakus* kämpft dafür, daß der Marxismus an unseren Hoch- und Fachhochschulen unverfälscht, das heißt von Marxisten dargestellt werden kann. Er führt offensiv den Kampf gegen alle bürgerlichen Ideologien, die den Studenten illusionäre Eliteaussichten vorgaukeln und die der geistigen, politischen und sozialen Unterdrückung der arbeitenden Menschen dienen. Insbesondere bekämpft er den Antikommunismus in allen seinen Spielarten, der von den Herrschenden immer schon benutzt wurde, um die demokratische Bewegung zu schwächen und zu spalten.

Gemeinsam gegen den Imperialismus

Als die marxistische Studentenorganisation in der BRD stellt sich *Spartakus* zugleich konsequent in die Reihen der Kämpfer gegen den Imperialismus in der ganzen Welt. Nur durch die internationale Solidarität der antiimperialistischen Kräfte ist dem nationalen Kampf gegen das kapitalistische System der Erfolg sicher.

Tiefgreifende revolutionäre Umgestaltungen verändern das Kräfteverhältnis in der Welt. Auf einem Drittel des Erdballs, in den Ländern des sozialistischen Weltsystems, ist die Ausbeutung des Menschen durch den Menschen endgültig beseitigt. Die Entstehung des sozialistischen Weltsystems gab dem weltweiten Kampf gegen den Imperialismus entscheidende Impulse.

Die Kraft und Dynamik des realen Sozialismus, die Verschärfung der Klassenkämpfe in den imperialistischen Hauptländern, die Wucht des nationalen und sozialen Befreiungskampfes in den Ländern Asiens, Afrikas und Lateinamerikas hat dazu geführt, daß der Imperialismus seine bestimmende Rolle verloren hat. Die Epoche seiner ungeteilten Herrschaft wurde von der Epoche des weltweiten Übergangs vom Kapitalismus zum Sozialismus abgelöst.

Obwohl der Imperialismus die historische Initiative verloren hat, ist seine Aggressivität gewachsen. Sie ist die Quelle ständiger Bedrohungen für die Völker der ganzen Welt. Bewaffnete Interventionen, grausame Repressalien gegen die Befreiungsbewegung, konterrevolutionäre Umstürze, die Schürung von Völkerhaß, von Antikommunismus und Antisowjetismus, gehören zu seinem Instrumentarium.

Die gegenwärtige Situation gebietet die Einheit aller antiimperialistischen Kräfte. Die Kampfsolidarität der sozialistischen Länder, der Arbeiterbewegung in den entwickelten kapitalistischen Ländern und der nationalen Befreiungsbewegung ist der sicherste Garant für ihren Sieg.

Deshalb dürfen sich die antiimperialistischen Studenten nicht gegen die Sowjetunion und die anderen sozialistischen Staaten mißbrauchen lassen, die für die Kampfsolidarität größte materielle, ökonomische und militärische Opfer bringen.

Daher weist *Spartakus* den Antikommunismus in jeder Spielart als Schwächung der notwendigen Einheit im antiimperialistischen Kampf entschieden zurück. Der Marxistische Studentenbund *Spartakus* entwickelt freundschaftliche Beziehungen zu den antiimperialistischen Studentenorganisationen in der Welt und übt in jeder Beziehung praktische Solidarität mit der nationalen Befreiungsbewegung.

Eine entscheidende Voraussetzung für die Zurückdrängung des Imperialismus ist der Kampf um Frieden. Deshalb tritt der Marxistische Studentenbund *Spartakus* für eine Politik der friedlichen Koexistenz zwischen den Staaten unterschiedlicher Gesellschaftsordnung ein.

Eine solche Politik hat nichts gemein mit Klassenfrieden und stellt das Recht der unterdrückten Völker und Klassen, alle Mittel für ihre Befreiung, bis zum bewaffneten Kampf, anzuwenden, nicht im geringsten in Frage. Sie schafft im Gegenteil die günstigsten Voraussetzungen für die Erstarkung der sozialistischen Länder und für die Entfaltung des Klassenkampfes in den imperialistischen Ländern, sie stärkt die Kampfpositionen der nationalen Befreiungsbewegung.

Der Marxistische Studentenbund *Spartakus* tritt deshalb aktiv für eine europäische Friedensordnung ein, die auf Anerkennung der bestehenden Grenzen und Abrüstung beruht.

Er kämpft gegen die Militarisierung der Hochschulen, gegen offene und geheime Kriegsforschung, für die drastische Kürzung des Rüstungshaushaltes zugunsten demokratischer Bildungsreformen.

Der Marxistische Studentenbund *Spartakus* ist die marxistische Studentenorganisation in der BRD, die für die antimonopolistische Alternative im Hochschulbereich und in der Gesamtgesellschaft, für eine sozialistische Zukunft kämpft. Wir wenden uns an die Studenten der Hoch- und Fachhochschulen in der Bundesrepublik:

Kämpft an der Seite der Arbeiterklasse
  Gegen den Imperialismus
  Für eine demokratische Hochschule
  Für Frieden, Demokratie und Sozialismus

Kämpft mit Spartakus!

Wir rufen die marxistischen Studenten, alle, die den Weg zum Marxismus suchen, die ernsthaft bereit sind, den Kampf gegen Imperialismus und Monopolkapital organisiert zu führen, auf:

Organisiert Euch im Spartakus!

8. Grundsatzerklärung der Sozialistischen Jugend Deutschlands — Die Falken — (SJD) vom 20.—23. Mai 1971

Die Sozialistische Jugend Deutschlands — Die Falken — bekennt sich zur internationalen sozialistischen Bewegung. Ziel der Arbeit der Sozialistischen Jugend Deutschlands — Die Falken — als Jugend- und Erziehungsverband ist die Durchsetzung der sozialistischen Gesellschaftsform in der Bundesrepublik Deutschland einschließlich West-Berlin.

Sozialismus ist die demokratische Gesellschaftsform, die jedem Menschen ein Höchstmaß an Gerechtigkeit gewährleistet, die Menschenrechte wahrt und die Ausbeutung des Menschen durch den Menschen abschafft.

Eine sozialistische Gesellschaft bedingt die Vergesellschaftung der Produktionsmittel. Das bedeutet: die Werktätigen als Produzenten und Konsumenten entscheiden über die Produktion und über die Verwendung des erarbeiteten Mehrwerts.

Wesentliche Grundwerte des Sozialismus sind:

1. Freiheit, d. h. Befreiung von gesellschaftlichen Zwängen und Abhängigkeiten, die Möglichkeit zur freien Entfaltung der Persönlichkeit. Die Freiheit des einzelnen findet ihre Schranken am Freiheitsraum des anderen und in der Verantwortlichkeit für die Gesellschaft.

2. Gleichheit, d. h. die gleiche Chance für jeden einzelnen, seine Persönlichkeit zu verwirklichen. Hierfür hat die Gesellschaft die notwendigen Voraussetzungen zu schaffen.

3. Solidarität, d. h. Verantwortlichkeit eines jeden für den anderen und für die ganze Gesellschaft.

Sozialismus läßt sich nur durch Demokratie, das ist verantwortliches Mitgestalten aller am gesellschaftlichen Leben, verwirklichen. Dies setzt ein freies Koalitionsrecht für die gesellschaftlichen und politischen Gruppen voraus.

Weg zum Sozialismus

Der Sozialismus läßt sich nur nach umfassender Bewußtseinsbildung in allen gesellschaftlichen Gruppen erreichen. Zur Erreichung einer umfassenden Bewußtseinsbildung ist die politische Basisarbeit von besonderer Bedeutung. Zur Verwirklichung ihrer Vorstellungen vom demokratischen Sozialismus sucht die Sozialistische Jugend Deutschlands die Zusammenarbeit mit der Sozialdemokratischen Partei Deutschlands. Sie ist auch bereit, mit anderen gesellschaftlichen Kräften zur Erreichung ihrer Ziele zusammenzuarbeiten.

Im Kampf um eine sozialistische Gesellschaftsordnung ist es Aufgabe unseres Verbandes:

1. Einfluß auf die Bildung eines gesellschaftlichen Bewußtseins bei Kindern und Jugendlichen innerhalb und außerhalb des Verbandes zu nehmen. Die Methoden dieser Einflußnahme müssen unter Beachtung moderner pädagogischer Grundsätze experimentell entwickelt werden und vom jeweiligen Bewußtseinsstand der Kinder und Jugendlichen ausgehen.

2. Unsere Vorstellungen von einer sozialistischen Gesellschaftsordnung an die Eltern, die Träger der freien Jugendpflege und die Einrichtungen der öffentlichen Erziehungsarbeit heranzutragen.

3. In der sozialistischen Bewegung zu arbeiten, sich mit anderen sozialistischen Gruppen politisch auseinanderzusetzen und ihre Unterstützung zu erreichen.

Unsere Gruppen sind verpflichtet, über die Freizeitgestaltung hinaus bis zur Bewußtseinsbildung zu gelangen. Die Arbeit des Verbandes muß besonderes dort ansetzen, wo die gesellschaftlichen Konflikte junger Menschen ihre Ursache haben. Die Gruppen der Sozialistischen Jugend sind aufgefordert, sich schwerpunktmäßig mit der Situation der Arbeiterjugend zu beschäftigen.

In dem Bemühen, eine sozialistische Gesellschaftsordnung zu erreichen, *strebt die Sozialistische Jugend folgende gesellschaftspolitischen Ziele an:*

Jede Macht muß durchschaubar sein und der ständigen Kontrolle durch die Gesellschaft unterliegen. Um eine wirksame

Kontrolle zu sichern, müssen daher die Formen der Demokratie in einem Prozeß ständiger Auseinandersetzung weiterentwickelt werden.

Grund und Boden, die Grundstoffindustrien und marktbeherrschenden Unternehmen, die Energieversorgung sowie die Großbanken und das Kredit- und Versicherungswesen sind zu vergesellschaften und unter die Kontrolle der arbeitenden Bevölkerung zu stellen.

Wegen der internationalen Verflechtung der Wirtschaft und der Bildung von Wirtschaftsblöcken muß der Kampf um die Kontrolle wirtschaftlicher Macht und um Mitbestimmung auf internationaler Ebene geführt werden. Dabei kann die Mitbestimmung nur eine Phase auf dem Wege zur Selbstbestimmung sein.

Es muß ein Bildungssystem entwickelt werden, dessen Ziele, Formen und Inhalte jedem, unabhängig von gesellschaftlichen und materiellen Voraussetzungen, die Chance bieten, seine Persönlichkeit zu verwirklichen, sich auf berufliche und gesellschaftliche Aufgaben vorzubereiten. Es muß ihn befähigen, seine gesellschaftliche Situation zu erkennen und zu verändern.

Die Massenmedien müssen dem Einfluß einzelner entzogen und gesellschaftlicher Kontrolle unterstellt werden, damit eine demokratische Meinungsbildung gesichert ist. Politische und moralische Anschauungen einzelner Gruppierungen innerhalb der Gesellschaft dürfen nicht zu allgemeinen Verhaltensnormen erhoben werden. Gesetzgebung und Rechtsprechung haben sich an den gesamtgesellschaftlichen Notwendigkeiten und dem Grundsatz der Selbstbestimmung des mündigen Staatsbürgers zu orientieren.

Die Sozialistische Jugend Deutschlands — Die Falken — fordert das Recht, ohne Angabe von Gründen den Kriegsdienst zu verweigern.

Die Sozialistische Jugend Deutschlands tritt für ein friedliches Zusammenleben der Völker auf der Basis gegenseitiger Achtung und Hilfe ein. Die solidarische Zusammenarbeit aller Völker auf der Grundlage des Selbstbestimmungsrechts ist anzustreben. Alle Bemühungen, die zur Entspannung der Weltlage führen, müssen unterstützt werden, insbesondere die völkerrechtliche Ächtung der Massenvernichtungswaffen und die allgemeine kontrollierte Abrüstung.

Entwicklungshilfe muß ein entscheidender Beitrag zum sozialen und gesellschaftlichen Fortschritt sein. Hilfe, die neue Abhängigkeiten schafft, lehnen wir ab. Bewegungen gegen nationale und soziale Unterdrückung müssen unterstützt werden.

Die Vereinten Nationen müssen auf der Grundlage der Charta der Menschenrechte zu einem Instrument der internationalen Friedenssicherung und Zusammenarbeit ausgebaut werden.

Die Herstellung einer dauerhaften und freiheitlichen Friedensordnung muß oberstes Ziel der Politik sein. Von der BRD soll die Politik des Gewaltverzichts gegenüber allen — insbesondere europäischen Staaten — fortgesetzt werden. Dabei ist von den bestehenden Realitäten auszugehen. Ein gemeinsames europäisches Sicherheitssystem ist zu schaffen; die bestehenden Wirtschafts- und Militärblöcke müssen überwunden werden. Die Sozialistische Jugend Deutschlands fordert die Abschaffung aller Streitkräfte und militärischen Institutionen in der Welt.

Die Sozialistische Jugend Deutschlands — Die Falken — fordert die arbeitende, lernende und studierende Jugend in der Bundesrepublik auf, sie bei der Durchsetzung der gesellschaftlichen Forderung dieser Grundsatzerklärung aktiv zu unterstützen.

9. Erklärung des Bundeskongresses der Vereinigung der Verfolgten des Naziregimes — Bund der Antifaschisten (VVN) 1971

Zur politischen Orientierung der Vereinigungen der Verfolgten des Naziregimes — Bund der Antifaschisten

I.

Der Bundeskongreß 1969 der VVN stand unter der Losung „Gemeinsames Handeln aller Demokraten versperrt dem Neonazismus den Weg."

Diese Losung erwies sich in der Folgezeit als richtig. Im Bundestagswahlkampf 1969 fanden sich demokratische Kräfte der verschiedensten weltanschaulichen und politischen Positionen in Aktionen und Bürgerausschüssen zusammen, um gemeinsam den Einzug der NPD in den Deutschen Bundestag zu verhindern. In dieser Auseinandersetzung mit der neonazistischen NPD kulminierten alle vorhergegangenen progressiven und demokratischen Bewegungen in der Bundesrepublik.

Die großen antifaschistischen Aktionen, die vorwiegend von der jungen Generation getragen wurden, brachten der NPD eine entscheidende Wahlniederlage bei und verhinderten ihren Einzug in den Bundestag. Diese Tatsache ermöglichte erst die Ablösung der CDU/CSU von der Regierungsverantwortung und die Bildung der Regierung Brandt/Scheel.

Da sich die nationalistische, auf die Korrektur der Resultate des zweiten Weltkrieges gerichtete Propaganda der NPD nicht wesentlich von jener der CDU/CSU unterschied, traf die Auseinandersetzung mit der NPD auch die CDU/CSU. Das Ergebnis des Bundestagswahlkampfes war der Ausdruck für ein beginnendes Umdenken bei großen Teilen unserer Bevölkerung. Dieser Prozeß wurde in Gang gesetzt durch die vor aller Welt erkennbare Friedenspolitik der sozialistischen Staatengemeinschaft, vor allem auch der DDR, sowie durch die wachsende demokratische Massenbewegung in der Bundesrepublik.

II.

Die Mehrheit der Bevölkerung begrüßte die Bildung einer Koalition aus Sozialdemokraten und Freien Demokraten und verband mit dem Amtsantritt der neuen Regierung Hoffnungen auf konkrete Änderungen in der Innen- und Außenpolitik. Die Bürger unseres Landes waren und sind an einem Kurs der Entspannung und des Friedens interessiert. Sie wünschten energische Maßnahmen gegen Neonazismus und Revanchismus und hofften auf innere Reformen, auf größere demokratische Freiheiten sowie auf Fortschritte bei der Lösung der Gemeinschaftsaufgaben. Ein Neubeginn der Politik war durchaus möglich, wenn auch der Regierungswechsel an den gesellschaftlichen Machtverhältnissen nichts geändert hatte.

Eineinhalb Jahre sind seit der Bildung der Regierung Brandt/Scheel ins Land gegangen, und die VVN — Bund der Antifaschisten — stellen die berechtigte Frage, ob die Gefahr des Neonazismus und Revanchismus, die Gefahr von rechts, durch die Wahlniederlage der NPD bei der Bundestagswahl und den Wahlen zu den Landtagen geringer geworden ist.

Die Tatsachen beweisen, daß diese Gefahr eher größer, denn geringer geworden ist.

Auf der Grundlage der inneren Verwandtschaft von autoritär-konservativen und neofaschistischen Strömungen vollzieht sich in der letzten Zeit immer stärker ein Konzentrations- und Annäherungsprozeß zwischen den reaktionär-konservativen und offen neofaschistischen Gruppen. Die zunehmende neofaschistische Aktivität und Gefährlichkeit ist entgegen der Darstellung des Vorsitzenden der Innenministerkonferenz, Ruhnau, und der Bundesregierung nicht zu übersehen. Sie kann 1971 so wenig wie 1932 in Mißerfolgen der offen nazistischen Partei bei den Wahlen gemessen werden. Sie wird nur dann deutlich, wenn man sie in der Konstellation des gesamten Rechtskartells sieht.

In revanchistischer Zielsetzung vereint, präsentieren sich die Strauß, Kiesinger, von Thadden, Czaja, Frey, Zoglmann und Springer. Bedauerlicherweise befindet sich in diesem Kreis auch der sozialdemokratische Abgeordnete Hupka, von dessen Auftreten sich der Vorstand seiner Partei bis heute nicht distanzierte.

Ein dichtes und ausgedehntes, gut funktionierendes System verbindet diese Gruppen mit einflußreichen Kreisen in der Staatsbürokratie, in Presse, Rundfunk und Fernsehen, in Justiz, Bundeswehr, Schule und Hochschule. Dieses Kartell besitzt in dem riesigen Springerkonzern ein weitreichendes Sprachrohr. Der Kern des Rechtskartells und Hauptexponent der aggressiven und rechtsextremen Politik ist die CSU unter Führung von Franz Josef Strauß, gemeinsam mit den reaktionärsten Kräften der CDU. Sie vertreten die parlamentarische Fraktion des Rechtskartells. Die NPD und die unter ihrer Führung stehenden Organisationen und Gruppierungen, wie die sogenannte „Aktion Widerstand" stellen die außerparlamentarische Flanke des Rechtskartells dar. Sie sind die Speerspitze, welche seit der Gründung der berüchtigten „Aktion Widerstand" im Oktober 1970 den Terrorismus in der Politik bis zu Morddrohungen und Mordanschlägen gegen demokratische Politiker, Regierungsmitglieder und den Bundespräsidenten steigerten.

III.

Die eigentlichen Träger und treibenden Kräfte dieser Entwicklung auf dem rechten Flügel sind jedoch jene Teile der Wirtschaftsgewaltigen, aus deren spezifischer Interessenlage sich eine extrem aggressive und fortschrittsfeindliche Haltung ergibt. Hierzu zählen die großen Rüstungskonzerne wie die Messerschmitt-Bölkow-Blohm GmbH (MBB), Siemens, Flick und andere, deren Produktion (bei MBB zu 90 Prozent) aus Rüstungsgütern besteht. Diese Konzerne verschlingen große Teile des Staatshaushaltes, nehmen immer stärkeren Einfluß auf die militärisch-strategische Konzeption der Bundeswehr und werden immer mehr zu einer das ganze gesellschaftliche Leben der Bundesrepublik bestimmenden Macht. Hier ballen sich nicht nur immer größer werdende Produktionsanlagen zur Erzeugung von Kriegsmaterial mit hoher Vernichtungskraft zusammen, sondern hier entsteht auch ein in rasantem Tempo wachsender Machtkomplex. Er stellt eine Verschmelzung von mächtigen

Rüstungskonzernen, militärischen Führungsgremien, Staatsorganen, die eine de facto-Militarisierung der Gesellschaft betreiben, mit reaktionären politischen Kräften dar, die auch die rechtsradikalen und neofaschistischen Parteien und Organisationen einschließen.

Gestützt auf ihre wirtschaftliche und politische Macht, entwickeln die Führungskräfte der militärisch-industriellen Sphäre gesellschaftspolitische Leitbilder, in deren Orientierung alle einen neuen Faschismus konstituierenden Elemente enthalten sind. So schaffen sie das aggressive revanchistische Feinbild, das in Gestalt der „Gefahr aus dem Osten" eine für alle verbindliche Staatsdoktrin darstellen soll. Ihre Herrschaft ist jedoch nur dann gewährleistet, wenn die Bevölkerung in Angst verharrt; denn nur eine geängstigte Bevölkerung läßt sich leicht manipulieren, gängeln und regieren. Sie übertragen dieses antikommunistische Feinbild auch auf die Innenpolitik. Deshalb wird das KPD-Verbot aufrechterhalten, die Gewerkschaften als „Entwicklungskerne für totalitäre Bewegungen" diffamiert, werden Jungsozialisten beschuldigt, den „kommunistischen Zielsetzungen Vorschub zu leisten" und wird den Sozialdemokraten angelastet, sich auf „marxistische und leninistische Ideen einschwören" zu lassen. Wie die Nazis mit dem Schlagwort von den „14 Jahren marxistischer Mißwirtschaft" ihre demagogische Hetze betrieben, so wird die gegenwärtige Regierung „sozialistischer Experimente" verdächtigt. Nicht zuletzt aber fordern diese Kräfte die Unterordnung aller Lebensbereiche — von der Bildung bis zur Zukunftplanung — unter ihre militärische Planung und ihren autoritären Führungsanspruch.

Angesichts dieser gefährlichen Entwicklung fordern die VVN — Bund der Antifaschisten — unter Berufung auf das Grundgesetz und die Prinzipien der Rechtsstaatlichkeit die sofortige Auflösung der NPD als einer nach Artikel 139 des Grundgesetzes verbotenen Nachfolgeorganisation der NSDAP. Sie fordern außerdem das Verbot sämtlicher in der sogenannten „Aktion Widerstand" zusammengeschlossenen Organisationen und Gruppierungen, aller neonazistischen und revanchistischen Publikationen sowie die sofortige Einstellung jeglicher finanzieller Unterstützung der Landsmannschaften, der DJO und anderer revanchistischer Vereinigungen durch die Länder und Kreisbehörden.

In der Weimarer Republik hatten die großen Konzerne der Industrie und der Finanzwelt ihre wirtschaftliche Macht zu politischen Zwecken mißbraucht und faschistische Parteien, Organisationen und Gruppen zum Zwecke der Vernichtung demokratischer Lebens- und Gesellschaftsformen finanziell unterstützt. Um zu verhindern, daß dieses aufs neue geschieht, fordern die VVN — Bund der Antifaschisten — die öffentliche Kontrolle der Superkonzerne, die Verwirklichung und Ausweitung des paritätischen Mitbestimmungsrechtes der Arbeiter und Angestellten und ihrer Gewerkschaften in allen Großbetrieben und Institutionen der Wirtschaft und seine Verankerung im Grundgesetz.

Den Kampf für diese antifaschistisch-demokratischen Forderungen aufzunehmen, erfordert gebieterisch die Öffnung der Reihen der VVN — Bund der Antifaschisten — für alle Menschen, die bereit sind, mit ihr gemeinsam für die Durchsetzung dieser Forderungen einzutreten.

IV.

Mit der Unterzeichnung der Verträge von Moskau und Warschau bieten sich neue Möglichkeiten für die Einleitung einer Politik der Entspannung, der Sicherung des Friedens, der Demokratisierung und des sozialen Fortschritts. Die Verträge von Moskau und Warschau geben jetzt die Chance, endlich mit einer Politik Schluß zu machen, die den Völkern nichts einbringt, sondern nur schadet, und eröffnen Perspektiven für eine Epoche der Entspannung und des Friedens, ohne die die gesellschaftlichen Probleme unserer Zeit nicht gelöst werden können. Der Ausgang des Kampfes um die Ratifizierung dieser Verträge stellt deshalb die Weichen für die Entwicklung der Politik der Bundesrepublik. Abrüstung, Demokratisierung, Zurückdrängung des Neonazismus und Revanchismus rücken damit in den Bereich des Realisierbaren.

Wichtigster Teil beider Verträge ist die Verpflichtung, die territoriale Integrität aller Staaten in Europa, einschließlich der

DDR, in ihren heutigen Grenzen uneingeschränkt zu achten und keine Gebietsansprüche an irgendein Land zu stellen.

Ausgehend von der in Europa bestehenden Lage bezeichnen die Vertragspartner als ihr wichtigstes Ziel die Aufrechterhaltung und Festigung des Friedens. Die logische Schlußfolgerung aus den Verträgen ist die völkerrechtliche Anerkennung der DDR als eine der Voraussetzungen für die Sicherung des Friedens in Europa. Die Ratifizierung der Verträge würde günstige Bedingungen für die Einberufung einer gesamteuropäischen Konferenz über Sicherheit und Zusammenarbeit schaffen, an der alle Staaten einschließlich der BRD und der DDR teilnehmen.

Wenn die Verträge ratifiziert sind und die Bevölkerung der Bundesrepublik Geist und Inhalt der Verträge zu ihrer eigenen Sache macht, besteht die Möglichkeit, die Ausgaben für die Rüstung beträchtlich herabzusetzen und die frei werdenden Mittel für Bildung, Wohnungsbau, soziale Einrichtungen und Umweltschutz zu verwenden.

Die Bundesregierung selbst legt der Politik der Entspannung und Friedenssicherung ein blockierendes Hindernis in den Weg, indem sie die Lösung der Westberlinfrage mit der Ratifizierung der Verträge von Moskau und Warschau koppelt.

Sie hat damit im Grunde genommen die Position der CDU/CSU bezogen. Sie fordert für die Entspannung sowohl von der Sowjetunion als auch von den Westalliierten und der DDR einen Preis, nämlich die vertragliche Anerkennung der Zugehörigkeit Westberlins zur Bundesrepublik. Eine solche Haltung muß zwangsläufig die Ratifizierung der unterzeichneten Verträge in Frage stellen und im Grunde genommen die vorgegebene Politik der Entspannung unglaubwürdig machen. Die Mehrheit der Bevölkerung der Bundesrepublik hat die Unterzeichnung der Verträge durch die Bundesregierung als einen mutigen und längst fälligen Schritt in Richtung auf Entspannung, Friedenssicherung und Normalisierung unserer Beziehungen auch zur DDR begrüßt. Sie hat an diesen Schritt große Hoffnungen geknüpft. Es ist aber offensichtlich, daß diese Hoffnungen nur erfüllt werden, wenn die Bevölkerung selbst den Kampf um die Ratifizierung und Verwirklichung der Verträge gegen alle Sabotage seitens des Rechtskartells aufnimmt. Sie muß auch der Regierung zu verstehen geben, daß alle Halbheiten und Inkonsequenzen in bezug auf die Verträge in Widerspruch zu ihrer erklärten Politik stehen.

Gemeinsam mit allen demokratischen Kreisen werden die VVN — Bund der Antifaschisten — ihre ganze Kraft einsetzen, die Menschen in unserem Land in diesem Sinne zu beeinflussen. Zu diesem Zweck werden die VVN — Bund der Antifaschisten — allein oder in Gemeinschaft mit anderen Organisationen und Persönlichkeiten — die Aufklärungskampagne über die Bedeutung der Verträge durch Publikationen, Versammlungen, Informationsstände und Seminare fortführen. Sie werden die Bundestags- und Landtagsabgeordneten sowie die Politiker der demokratischen Parteien auffordern, zu den Verträgen Stellung zu nehmen. Sie werden anregen, daß Delegationen aus der Bevölkerung ihre Abgeordneten aufsuchen, um sie zu veranlassen, für die Ratifizierung der Verträge zu stimmen. Die VVN — Bund der Antifaschisten — unterstützen alle Bestrebungen zur Einberufung einer europäischen Sicherheitskonferenz. Im Verein mit der Arbeitsgemeinschaft bayerischer Verfolgtenverbände, dem Reichsbund und dem VdK arbeiten sie an der Vorbereitung eines internationalen Treffens der ehemaligen Widerstandskämpfer, Kriegsteilnehmer und Kriegsopfer für europäische Sicherheit und Frieden.

V.

Von den Machthabern des Dritten Reiches wurde die Liebe zum Vaterland und die Begeisterungsfähigkeit, der Opfermut, die Einsatzfreudigkeit der jungen Generation in der verbrecherischen Weise mißbraucht. Zu Millionen wurden sie dann auf den Schlachtfeldern für die Interessen der oberen Zehntausend verheizt. Die VVN — Bund der Antifaschisten — sehen es deshalb als ihre wichtigste Aufgabe an, die heutige Jugend vor einem ähnlichen Schicksal zu bewahren.

Die VVN — Bund der Antifaschisten — begrüßen es, daß immer mehr junge Leute dem Dienst in der Bundeswehr kritisch gegenüberstehen, sei es, daß sie in steigendem Maße vom

Grundrecht der Wehrdienstverweigerung Gebrauch machen, oder daß sie, wie die Gruppe „Soldat '70", sich für die Wahrung der demokratischen Rechte und Freiheiten der Bundeswehrangehörigen einsetzen. Die VVN — Bund der Antifaschisten — treten für die Herabsetzung der Wehrdienstzeit von 18 auf 12 Monate ein und fordern mit der Inkraftsetzung der Verträge von Moskau und Warschau gleichzeitig eine drastische Herabsetzung der Rüstungsausgaben, um Mittel für die Bildung und Ausbildung der Jugend freizubekommen. Sie unterstützen deshalb die Forderungen der jungen Generation nach Mitbestimmung in Beruf, Schule und Universität.

Die VVN — Bund der Antifaschisten — sehen eine vordringliche Aufgabe darin, der jungen Generation ein wahrheitsgetreues Bild über die schwärzeste Zeit deutscher Geschichte und über den Widerstand deutscher Menschen gegen Hitlerfaschismus und Krieg zu vermitteln. Sie widmen ihre besondere Aufmerksamkeit der Säuberung der Schulbücher von faschistischem Gedankengut und setzen sich für eine wahrheitsgetreue Darstellung der jüngsten deutschen Geschichte ein. Sie weisen mit Entschiedenheit die Versuche der Bundeswehrführung und des Bundeskanzlers zurück, in den Schulen einen „Wehrkundeunterricht" einzuführen, um der Jugend das Feindbild von der „Gefahr aus dem Osten" einzuprägen und um ihren sogenannten Wehrwillen zu wecken.

Ein solches Vorhaben steht in eklatantem Widerspruch zu dem Geist und dem Inhalt der Verträge von Moskau und Warschau.

Gleichzeitig protestieren wir gegen die von Bundeswehrgeneralen vorgeschlagene Einführung der Arbeitsdienstpflicht aus Gründen der sogenannten Wehrgerechtigkeit. Solche Forderungen und Vorschläge im Zusammenhang mit einer immer stärkeren, von der Regierung geduldeten neonazistischen Propaganda stellen eine ständig wachsende Gefahr für die demokratische Ordnung dar.

Die VVN — Bund der Antifaschisten — unterstützen alle Bestrebungen innerhalb der Jugendverbände zur Bekämpfung und Zurückdrängung des neonazistischen Einflusses und fordern den Ausschluß der Deutschen Jugend des Ostens — DJO — aus dem Bundesjugendring. Die VVN — Bund der Antifaschisten — betrachten die Bildung und Förderung von „Arbeitskreisen junger Antifaschisten" als vordringlichste Aufgabe. In diesen Arbeitskreisen soll jungen Menschen, insbesondere den Vertretern demokratischer Jugendorganisationen, unbeschadet ihrer parteipolitischen oder weltanschaulichen Auffassungen, Gelegenheit gegeben werden, sich ein wahrheitsgetreues Bild über die Nazidiktatur und den deutschen Widerstand zu erarbeiten. Gestützt auf diese Erfahrungen der Widerstandsbewegung gegen Hitler und seinen Krieg sollen sie die Notwendigkeit erkennen, dem Faschismus unserer Tage gemeinsam handelnd entgegenzutreten.

VI.

Mit Abscheu nehmen die anständigen Menschen in aller Welt von den Kriegsverbrechen der US-Aggressoren in Indochina Kenntnis. Die viehische Abschlachtung wehrloser Frauen, Kinder und Greise durch die amerikanische Soldateska ruft Erinnerungen an die furchtbaren Verbrechen der SS wach. Diese Erscheinungen zeigen neben anderen, daß die herrschenden Kreise in den USA, vor allem die Rüstungsmonopole, zum Faschismus drängen. Es ist auch kein Zufall, daß die USA-Regierung die faschistischen Regime in Griechenland, Spanien, Portugal und anderswo unterstützt. Ein augenfälliger Beweis für diese Entwicklung ist ebenfalls die Haltung des Präsidenten der Vereinigten Staaten, Richard Nixon, der einen bestraften Massenmörder den Justizbehörden entzog und ihn zum Nationalhelden erhob. Diese Tat findet eine Parallele in der Freilassung der Mörder von Potempa durch Hitler 1933. Um so größer ist unsere Bewunderung und unsere Sympathie für die Millionen amerikanischer Bürger, die trotz Kriegshetze und Polizeiterror mutig gegen die Kriegspolitik ihrer Regierung demonstrieren und die sofortige Beendigung des Krieges in Vietnam fordern.

Die VVN — Bund der Antifaschisten — wiederholen ihre Forderung auf sofortigen Abzug aller US-Truppen aus Vietnam und verlangen von der Bundesregierung, sich von der amerikanischen Vietnampolitik zu distanzieren, jede materielle und moralische Unterstützung des amerikanischen Krieges zu unterlassen und den Devisenausgleich so lange zu stoppen, bis die USA ihre Truppen aus Indochina abgezogen haben.

In solidarischer Verbundenheit stehen die VVN mit den in der Internationalen Föderation der Widerstandskämpfer — FIR — zusammengeschlossenen Bruderverbänden an der Seite der um ihre Freiheit gegen faschistische Diktaturen kämpfenden Völker Griechenlands, Spaniens und Portugals. Sie verurteilen die Aggressionspolitik der herrschenden Kreise Israels und fordern den Rückzug aller israelischen Truppen aus den besetzten arabischen Territorien.

VII.

Die Widerstandskämpfer gegen das Naziregime und den Krieg mußten die bittere Erfahrung machen, daß vor allem die Spaltung der Arbeiterbewegung in der Weimarer Republik die Entwicklung einer breiten Einheitsfront aller demokratischen Kräfte gegen die Naziherrschaft verhinderte. Der Antikommunismus war eine der stärksten ideologischen Waffen des Faschismus. Durch seine skrupellose Anwendung gelang es den Nazis, die demokratischen Kräfte zu spalten und voneinander zu isolieren, um sie dann getrennt zu schlagen. Diese Lehren sollten die Antifaschisten nie vergessen. Um so bestürzter haben die VVN — Bund der Antifaschisten — den Beschluß von Parteivorstand, Parteirat und Kontrollkommission der SPD zur Kenntnis genommen. Angesichts des Ernstes der Lage in der Bundesrepublik erinnern die VVN — Bund der Antifaschisten — an das vom Parteivorstand der SPD am 28. Januar 1934 verfaßte „Prager Manifest", in dem es heißt: „. . . Wir haben den Weg, wir haben das Ziel des Kampfes gezeigt. Die Differenzen in der Arbeiterbewegung werden vom Gegner selbst ausgelöscht. Die Gründe der Spaltung werden nichtig."

Die VVN — Bund der Antifaschisten — sind der Meinung, daß man nicht wieder warten darf, bis der gemeinsame Gegner vorhandene Meinungsverschiedenheiten unter den Demokraten gegenstandslos macht, indem er Sozialdemokraten, Kommunisten, Gewerkschafter, Studenten und fortschrittliche Bürger in Gefängnisse, Zuchthäuser oder KZs wirft, sondern daß man vorher und jetzt alles Trennende zurückstellen muß, um vereint die gemeinsame Gefahr niederzuringen. Diese Erkenntnisse fanden unmittelbar nach 1945 selbst in den Erklärungen der CDU ihren Niederschlag. Aus den gleichen Überlegungen heraus wenden wir uns gegen den Antikommunismus, der immer noch eine reale Gefahr für die Demokratie darstellt. Die Forderung nach Aufhebung des aus der Zeit des Kalten Krieges stammenden Verbots der KPD muß deshalb erneuert werden.

Die VVN — Bund der Antifaschisten — mit ihren großen geschichtlichen Erfahrungen und ihrem hohen moralisch-politischen Ansehen bleiben ihren Verpflichtungen treu, im Bündnis mit anderen antifaschistisch-demokratischen Kräften alles daranzusetzen, Neonazismus und Militarismus aus unserer Gesellschaft zu tilgen und nicht zuzulassen, daß von deutschem Boden noch einmal ein Krieg ausgeht. Sie sind sich bewußt, daß es nur möglich ist, antifaschistisch-demokratische Verhältnisse in der Bundesrepublik zu schaffen, wenn es gelingt, unter Hintanstellung politisch und weltanschaulich gegenteiliger Ansichten alle demokratischen Kräfte zum gemeinsamen Kampf gegen das Rechtskartell, für die Ratifizierung der Verträge und damit für die Einleitung einer wirklich neuen Politik zusammenzuführen.

Diese Aufgabe wird nur erfüllt, wenn die aktivsten Teilnehmer an den Aktionen gegen Neonazismus und Reaktion als gleichberechtigte Mitstreiter in den Vereinigungen der Verfolgten des Naziregimes — Bund der Antifaschisten — aufgenommen werden.

10. Schlußresolution der Internationalen Versammlung der Jugend vom 3.—4. Juli 1971

Wir, junge Arbeiter, Lehrlinge, Studenten und Gymnasiasten, die aus Frankreich, England, Deutschland, Spanien, Griechenland, Irland, Belgien, Israel, Ceylon, USA, Bolivien, Argentinien, Peru, Brasilien, Mexiko, Italien, Schweiz, Luxemburg, Dänemark, Schweden, Venezuela, Afrika und Osteuropa, kommen, haben uns in Essen versammelt, um den Kampf für den Aufbau der revolutionären Internationale der Jugend zu führen, den Kampf für die Vereinigten Sozialistischen Staaten von Europa und für die Sozialistische Weltrevolution. Wir wenden uns an unsere Genossen und an die Jugend der Welt.

Im Erfolg dieser Versammlung, die das Ergebnis eines organisierten Kampfes in mehreren Ländern ist, sehen wir die Bestätigung für die Aktualität des Appells des Kommunistischen Manifestes von Marx und Engels:

Proletarier aller Länder vereinigt Euch!

Die jungen kämpferischen Generationen des Proletariats gaben in Essen dem Willen Ausdruck, die Internationale Arbeiterklasse für die Weltrevolution zu einigen. Sie taten das im Herzen des industriellen Deutschlands, im Herzen des zerrissenen Europas, in dem die Teilung Deutschlands, in dem die Sackgasse, in der sich der Imperialismus und die Kremlbürokratie befinden, in der Teilung Deutschlands ihren konkretesten Ausdruck findet.

Es ist unser Ehrgeiz und unsere Aufgabe, in der ersten Reihe des internationalen Kampfes des Proletariats für die Änderung der Welt und für die Sozialistische Revolution zu stehen. Dazu müssen wir uns organisieren, in jedem Land die *Revolutionäre Organisation* der Jugend und im Weltmaßstab die *Revolutionäre Internationale* der Jugend aufbauen. Diese Aufgabe betrachten wir als Teil des Kampfes der Arbeiterklasse, als Element im Aufbau von revolutionären Parteien und der Internationale, die das Proletariat zum Sieg braucht.

So sagt es der Aufruf, der die Versammlung von Essen einberief und den wir jetzt wieder aufnehmen:

„Bourgeois und Bürokraten erfinden alles mögliche, um die Jugend gegen die Arbeiter zu stellen und die Arbeiter unter sich zu spalten. Die Jugend weist diese Spaltungen und Entgegensetzungen zurück. Die Jugend spricht sich für die Einheit unter der Arbeiterklasse aus, für den proletarischen Internationalismus und den Sozialismus. Die Jugend akzeptiert die Grenzen, Zonen und Blöcke nicht. Sie ruft auf:

Proletarier aller Länder, vereinigt Euch!"

Der internationale Kampf des Proletariats, dessen Flamme die revolutionäre Jugend sein wird, findet mit äußerster Stärke seinen Ausdruck in Europa. Im Dezember 1970 fieberten alle Arbeiter und die Jugend als das heldenhafte Proletariat Spaniens sich der Unterdrückung entgegenstellte im Angesicht der Diktatur den Henker Franco zurückdrängte und so die sechs von Burgos rettete.

Jeder verstand, daß dieser Kampf, der die franquistische Diktatur in ihren Grundfesten erschütterte, die Grundlagen des Gleichgewichtes wieder in Frage stellte, daß für das Weiterbestehen der bürgerlichen Ordnung in Europa notwendig ist.

Im Dezember 1970 und im Januar 1971 entfesselten die Arbeiter in Polen in Gdansk, Stettin und Gdynia einen Generalstreik. So antworteten sie durch ihre Klassenmobilisierung auf die provokatorischen Preiserhöhungen der notwendigen Lebensmittel, die von der Regierung Gomulka beschlossen worden waren. Diese Maßnahmen drückten den Bankrott einer parasitären Bürokratie aus und die Folgen ihrer Anpassung an das Fortbestehen der imperialistischen Herrschaft auf Weltebene.

Gomulka, der Franco Kohle geliefert hatte, als die asturischen Bergarbeiter streikten, läßt auf die streikenden polnischen Arbeiter schießen. Aber das Proletariat weicht nicht zurück, die Bewegung ergreift ganz Polen und die Arbeiterräte dehnen ihr Nexz von einem Ende des Landes zum anderen aus. Die Bürokratie muß zurückweichen, Gomulka opfern, die Preiserhöhungen rückgängig machen und Verhandlungen mit den Arbeiterräten akzeptieren.

Alle Arbeiter und alle Jugendlichen haben diesen Kampf als den ihren empfunden, als den Kampf gegen die Kräfte, die dem Sozialismus im Weg stehen, als dem Kampf für die Republik der Arbeiterräte, dasselbe Ziel, das auch die Arbeiter haben, die in den kapitalistischen Ländern gegen die Bourgeoisie und ihren Staat kämpfen.

Niemand wagte zu behaupten, der Kampf der polnischen Arbeiter, die unter dem Gesang der Internationale marschierten, sei ein Kampf gegen den Sozialismus gewesen. Im Gegenteil, die Arbeiter verteidigten ihre Errungenschaften: die Expropriation des Kapitalismus und die Vergesellschaftung der Produktionsmittel!

Sie kämpften gegen die Drohungen der Restauration und der Liquidierung ihrer Errungenschaften durch eine verzweifelte Bürokratie. Sie wollten die Bedingungen ihrer Verteidigung durch die Errichtung der Macht der Diktatur des Proletariats, der zentralisierten Macht der Arbeiterräte sichern und gleichzeitig die parasitäre Diktatur einer mit dem Imperialismus verbündeten konterrevolutionären Schicht zerstören.

Nach dem Aufschwung des Tschechoslowakischen Proletariats, den weder Waffengewalt noch Husak's Normalisierung brechen konnte, kündigte der Generalstreik und die Erhebung der polnischen Arbeiter, wobei die Jugend in der vordersten Reihe stand, die Todesstunde der Herrschaft der Kremlbürokratie an.

Dieser Kampf lieferte die revolutionären Parolen für ganz Europa. Auf höherem Niveau als jemals zuvor drückten sie aus, wohin sich die schwierigen Kämpfe der arbeitenden Massen, der Intellektuellen, der wirklich kommunistischen Kämpfer in der UdSSR, in der Tschechoslowakei, in Ungarn, in Jugoslawien und in dem von der stalinistischen Bürokratie kontrollierten Teil Deutschlands bewegen.

Indem der revolutionäre Kampf der polnischen Arbeiter die Frage der Macht der Arbeiterklasse, der Macht ihrer Räte auf die Tagesordnung setzte, verband er sich mit dem Kampf der arbeitenden Massen in den kapitalistischen Ländern Europas gegen die Bourgeoisie jedes Landes und gegen seinen Staatsapparat und stimulierte ihn.

So eröffnet in diesem Jahr 1971 der Kampf des Proletariats in ganz Europa auf den Trümmern der kapitalistischen Herrschaft durch die Abschaffung des bürokratischen Hindernisses die Perspektive der Einheit Europas unter dem Banner der Proletarischen Revolution.

Von Prag bis Paris, von London bis Brüssel sammelt sich die Kraft, die dieser kranken Welt ein Ende bereiten kann: die Arbeiterklasse. Und in jedem der Kämpfe, die einen Augenblick der Sammlung dieser Klasse zum letzten Strumangriff kennzeichnet steht die arbeitende und studentische Jugend in der vordersten Kampfreihe. Sie wurde erzogen unter den Bedingungen der Krise des Imperialismus und ist sich bewußt, daß es keine Artwort auf ihre Bestrebungen in diesem ‚Irrenhaus' gibt, daß Europa unter der kapitalistischen Herrschaft darstellt.

Der Imperialismus in der Krise hat zum Überleben keine andere Lösung, als sich auf den Zusammenstoß mit der Arbeiterklasse vorzubereiten, und ihre Rechte, Positionen und ihre Organisationen zu zerstören.

Überall, auch in den Ländern, wo ihre Herrschaft seit Jahrhunderten mit der parlamentarischen Staatsform verbunden ist, muß er all die Freiheiten wieder in Frage stellen, die das Produkt der vergangenen Kämpfe der arbeitenden Massen sind. Die revolutionäre Jugend ist sich bewußt, daß ihre bedingungslose Verteidigung ein unerläßlicher Teil ihres Kampfes ist.

Die Krise des Imperialismus ist auch die all der Schichten, deren Privilegien und Stellung letzten Endes auf der Aufrechterhaltung der kapitalistischen Herrschaft im Weltmaßstab berufen.

Tödlich bedroht selbst in der UdSSR hat die Kremlbürokratie nicht nur als Folge der internationalen Mobilisierung des Proletariats, sondern unmittelbar auf Grund des Kampfes der Arbeiterklasse in der UdSSR und in Osteuropa, keine andere Möglichkeit mehr als sich immer stärker auf den Imperialismus zu stützen, der selbst seine Forderungen verstärkt und so den Konflikt zwischen der Bürokratie und den arbeitenden Massen verschärft.

Aber weder die Pläne des Imperialismus, noch ihre Billigung durch die Bürokratie machen die Geschichte. Die Periode, die von dem Mai/Juni-Generalstreik in Frankreich und dem Aufschwung der politischen Revolution gegen die Bürokratie in der Tschechoslowakei eingeleitet wurde, führte zur bewaffneten Intervention der Streitkräfte des Warschauer Paktes am 21. Aug. 1968 und sieht die Arbeiterklasse überall Widerstand leisten.

Im ältesten kapitalistischen Land der Welt, der Wiege der organisierten Arbeiterbewegung, in England, will die Regierung der kapitalistischen Reaktion der Arbeiterklasse ihre wesentlichen Rechte entreißen, indem sie das Streikrecht angreift. Aber der machtvolle Widerstand der Arbeiter, ihre Streiks und Kundgebungen, setzen den sofortigen Sturz der konservativen Regierung auf die Tagesordnung und weisen den Weg zur sozialistischen Revolution in Großbritannien.

Das bankrotte Regime in Frankreich, das sich an die Überbleibsel des Gaullismus klammert, die Arbeiter die Kosten ihres Bankrotts bezahlen lassen will und dauernd zu Unterdrückung und Provokation seine Zuflucht nimmt, muß der unaufhörlich erneuerten Mobilisierung der Arbeiterklasse begegnen, die immer offener die Frage einer anderen Regierung stellt, einer Regierung, die den bürgerlichen Staat und das kapitalistische Eigentum bekämpft: die Arbeiterregierung.

In Deutschland zerstört die Weigerung der Arbeiter, ihre Interessen zugunsten der Unternehmer geopfert zu sehen, die Grundlagen der Koalition, die die sozialdemokratische Partei an die Bourgeoisie bindet.

In Italien konnte kein Manöver die Kampfkraft der Arbeiter überwinden und die sich vertiefende Krise kann nur eine positive Lösung finden durch den Sturz der Regierung der Bourgeoisie, die die Lösung in einem Gewaltstreich gegen die Arbeiterbewegung sieht.

Überall, von der ältesten der Diktaturen, Portugal, wo seit 1968 Streiks und Demonstrationen zunehmen, bis zu Schweden, diesem angeblichen Paradies des „gelungenen Reformismus", erhebt sich die Arbeiterklasse, um ihre Interessen zu verteidigen.

Überall wird die Alternative präzisiert, die im Zentrum der historischen Periode steht, in der wir leben: Sozialismus oder Barbarei.

In ganz Europa zwingen die Kämpfe der Arbeiter die Bourgeoisie, trotz ihrer Befürchtungen und ihrer Zerissenheit, den Bürgerkrieg vorzubereiten, den Heath von der Tribüne der Vereinten Nationen herab als unvermeidlich erklärte.

Die Bourgeoisie will ihre „Ordnung" bewahren.

Pompidou und Heath treffen sich, um über das Vereinigte Europa zu sprechen wo das Dschungelgesetz, das die Beziehungen zwischen kapitalistischen Mächten regiert, sich mit gewachsener Brutalität aufzwingt, wo das monetäre Chaos und der Handelskrieg von dem erbarmungslosen Kampf Zeugnis ablegen, den jeder Kapitalismus um zu Überleben führt.

Aber ihr „europäisches Konzert" ist nicht nur lächerlich: alle Bourgeoisien sind bereit, sich gegen die Arbeiter und Jugendlichen Europas, gegen ihre Rechte und gegen ihre Zukunft zusammenzuschließen.

Und gerade in dem Augenblick, wo die Vertreter der alten reaktionären Bourgeoisien Europas einander konsultieren, tritt auch die Kremlbürokratie in die Heilige Allianz gegen die Arbeiter Europas ein.

Auf dem Pseudokongreß der Tschechoslowakischen Kommunistischen Partei drohte Breschnew, dem sein Lakai Husak applaudierte, den Tschechoslowakischen Kämpfern und Arbeitern. Auf dem Kongreß der SED Ostdeutschlands läßt Breschnew die endgültige Besiegelung der Teilung Deutschlands ratifizieren, aus Furcht vor dem Proletariat, das die stalinistische Politik 1933 an Hitler auslieferte und das im Juni 1953 die politische Revolution gegen die Bürokratie beginnen sollte.

Gleichzeitig wendet sich der Nachfolger Stalins an die Bourgeoisien Europas, damit sie die „europäische Sicherheit“ gewährleisten.

Wir, die in Essen versammelten Jugendlichen, die gegen den Imperialismus und die Bourgeoisie kämpfen, wir kennen die Bedeutung dieser Sicherheit.

Diese Sicherheit, das ist die Ordnung Francos in Madrid, die von Marcellin in Paris, die der griechischen Obristen in Athen und die von Heath in London, welche die Bedingung darstellen für die Aufrechterhaltung der Ordnung von Breschnew — Husak in Prag.

Diese Ordnung ist die der Unterdrückung und der Ausbeutung, die des Elends, der Ungebildetheit, der Arbeitslosigkeit und der erzwungenen Auswanderung Hunderttausender von Arbeitern, wie der aus Spanien, Portugal, Italien, Nordafrika, Griechenland und Jugoslawien, die der Überausbeutung der großen kapitalistischen Mächte ausgeliefert sind.

Für diese Ordnung gibt es in jedem Land zu viele Arbeiter in den Fabriken, zu viele Bauern, die das Land bearbeiten, zu viele Studenten in den Universitäten und zu viele Lehrer, und nie genug Polizisten. Diese Ordnung weist die Jugend zurück, die sich der unbegrenzten Entwicklungsmöglichkeiten, die die angesammelten Ergebnisse der Geschichte der Menschheit bergen, bewußt zurück.

Diese Ordnung die die Aufrechterhaltung der Ausbeutung, der Ungleichheit und der Unterdrückung einschließt, diese Ordnung, die zur Verelendung ganzer Generationen führt, die nur durch die Liquidierung aller Errungenschaften der Arbeiterklasse auf allen Gebieten bewahrt werden kann, diese Ordnung, deren Weiterbestehen die Rückkehr zur Barbarei bedeuten würde. Der Nazismus, die nuklearen Massenvernichtungen von Hiroschima und Nagasaki; die Kolonialkriege, der Indochinakrieg und der Völkermord des bengalischen Volkes kündigen an, was die Rückkehr zur Barbarei bedeuten würde. Diese Ordnung wollen wir, junge Revolutionäre, die in Essen versammelt sind, bekämpfen und von Grund auf zerstören.

Das ist der Kampf, den wir unter der Fahne der Vereinigten Sozialistischen Staaten von Europa führen, Ausdruck unseres Kampfes in Europa für die sozialistische Weltrevolution.

Denn dieser Kampf ist ein weltweiter Kampf, ein Kampf, der sich stützt auf die Tatsache, daß überall in der Welt in den Bastionen des Imperialismus, in den Ländern, in denen die Bourgeoisie enteignet wurde, in den industriell fortgeschrittenen Ländern, die ausgebeuteten und unterdrückten Massen kämpfen, und so den Weg ebnen zu der einzigen Lösung, die den Bedürfnissen der Menschheit und ihrer Zukunft entspricht, die Welträterepublik. Es ist ein weltweiter Kampf, weil die historische Entwicklung Europas eine entscheidende strategische Stellung eingenommen hat. Auf diesem alten Kontinent konzentrieren sich die Widersprüche des weltweiten Klassenkampfes. Dort, wo sich angesichts des niedergehenden Imperialismus die traditions- und erfolgreichsten Arbeiterklassen sammeln, dort, wo sich in explosiver Weise zeigt, daß der „Status quo“, am Ende des zweiten Weltkrieges hergestellt, unhaltbar geworden ist.

Dort verbündet sich der Prozeß der sozialen Revolution gegen das kapitalistische Regime mit der politischen Revolution gegen die Bürokratie. In diesem Sinn ist der Kampf für die Vereinigten Staaten von Europa nicht eine europäische Angelegenheit, sondern eine internationale, weltweite Achse für die revolutionäre Bewegung des Proletariats. Es ist ein internationaler Kampf, weil er seinen Sinn nur in der Verbindung mit dem weltweiten Kampf der Arbeiterklasse für die sozialistische Revolution findet, der in den fünf Kontinenten das größte Ereignis der ganzen augenblicklichen Epoche unserer Geschichte ist.

Seit mehr als 10 Jahren wütet der stärkste Imperialismus der Welt, der amerikanische, gegen die Völker Indochinas. Trotz des Einsatzes der modernsten Vernichtungsmittel, trotz der politischen Isolation, in der die Kremlbürokratie wie die chinesische Bürokratie den Kampf der Arbeiter und Bauern halten, konnte der Imperialismus nicht an sein Ziel gelangen. Aber wenn er nicht in vollem Ausmaß seine militärischen Mittel entfalten konnte, lag es daran, daß er sich einer zweiten Front gegenübergestellt sah. Die arbeitenden Massen der Vereinigten Staaten spüren, daß dieser Krieg nicht der ihre ist. Und, weil sich die unmittelbaren Folgen der Politik Nixons den Interessen der arbeitenden Massen widersprechen, schließen sich der Jugend, die an der Spitze des Kampfes gegen den Krieg stand, immer bedeutendere Fraktionen der organisierten Arbeiterbewegung an, als Klasse sich den Angriffen auf ihre Rechte und ihre Lebensbedingungen widersetzt, durch das Mittel des Streikes.

Die Demonstrationen des Mai 70, die das Leben von 4 Studenten an der Universität von Kent gefordert haben; der Kampf der Arbeiter und der jungen Schwarzen gegen den Rassismus. Die Streiks wie die der Postangestellten, der Eisenbahner, der städtischen Angestellten von New York, der Arbeiter von General Motors, sind Elemente einer Mobilisation, die die Grundlage der kapitalistischen Herrschaft selbst in den USA in Frage stellen.

In Lateinamerika verbinden sich die Aktionen der Arbeiter in den Städten mit denen der landlosen Bauern im Kampf gegen den Imperialismus, gegen die nationalen Bourgeoisien und ihre Agenten innerhalb der Arbeiterbewegung.

Die Arbeiterklasse dieser Länder, wo wie überall die junge Generation die mutigsten und entschlossensten Kämpfer stellt, setzt als Teil der Internationalen Arbeiterklasse ihre Führungsrolle durch.

Das deutlichste Beispiel dafür ist Bolivien, wo ausgehend von einzelnen Aktionen der Avantgardetruppe, die die Bergarbeiter Boliviens zusammengeschlossen in ihren gewerkschaftlichen Organisationen darstellen, die Einrichtung der Volksversammlung, die Einrichtung der Arbeiterregierung, stützt auf Arbeiter- und Bauern- zur Tagesforderung erhob.

Die friedliche Koexistenz, diese revolutionäre Zusammenarbeit zwischen Imperialismus und Bürokratie gegen die ausgebeuteten und Unterdrückten Massen, die den Rahmen darstellte für das konterrevolutionäre Komplott gegen die palästinensischen Arbeiter und Bauern unter dem Deckmantel des Rogersplans auf dem die Massen mit dem Aufbau ihrer eigenen Machtorgane gegen die entfesselte Konterrevolution aufwarteten, den Sowjets wie in Irland, hat von neuem ihr bösartiges Gesicht enthüllt, anläßlich der Erhebung der Massen Ostpakistans.

Die Erhebung der ausgehungerten Arbeiter von Bengalen gegen die Diktatur Yaha Khans erschütterte die Grundfesten der ganzen imperialistischen Herrschaft in Asien: die künstliche Teilung des indischen Teilkontinents. Der Völkermord konnte nur zu Ende geführt werden, weil die bürokratischen Kräfte der UdSSR und Chinas, um dem Imperialismus und seinen indischen und pakistanischen Agenten Hilfe leisteten.

Breschnew und Kossygin, in dem sie Resignation predigten, Mao-Tse-Tung, indem er direkt den Henker von Dakka unterstützte.

Es ist das gleiche Kräfteverhältnis, das sich in Ceylon wiederfindet, wo alle Imperialistischen Mächte, die UdSSR, China, Pakistan und Indien Madame Bandaranaike, Chef der Volksfrontregierung, ihre Unterstützung zusicherten, als sie sich gegen die Massen wandte, die Freiheiten der Arbeiter liquidierte und die kämpferischen Revolutionäre der trotzkistische RCP, Cylonesische Sektion des 4. internationalen Komitee der 4. Internationale, ins Gefängnis warf.

Die Regierung von Madame Bandaranaike erhob Stalinisten in den Rang von „Arbeiterministern“, aber ebenso Verräter des Trotzkismus, deren Entwicklung lange Zeit genährt und dann bemäntelt wurde durch das revisionistische Zentrum um Mandel und Frank, das sich betrügerisch „Vereinigtes Sekretariat der Vierten Internationale“ nennt.

Wir jungen hier in Essen versammelten Revolutionäre sind uns der Tatsache bewußt, daß die internationale Politik der friedlichen Koexistenz in jedem Land ihre nationale Entsprechung durch die Praxis der Klassenzusammenarbeit findet, d. h., die Aufgabe der Interessen der Arbeiterklasse zum Zweck, die bürgerliche Ordnung aufrecht zu erhalten. Diese Politik, ob sie sich nun unter dem Deckmantel der „fortgeschrittenen Demokratie“ versteckt, unter dem reformerischen Mantel in der Welt der parlamentarischen Weisen gegen den stalinistischen Sozialismus versteckt, oder unter dem Deckmantel des „Wohlfahrtstaats“ über den Klassen, den die Reformisten predigen und der durch die Revisionisten des Marxismus gerechtfertigt wird, die erklären, daß wir in einer neuen Ära des Kapitalismus leben — sie umschreiben es mit der Vokabel „Neokapitalismus“ — ist immer und überall, in allen Formen, eine Politik des Verrats, die zum Untergang führen.

Wir, junge Revolutionäre, die in Essen versammelt sind, sind uns der Tatsache bewußt, daß die Arbeiterklasse in jedem Land mit dieser Politik brechen und ihre eigene Partei aufbauen muß; daß sie im internationalen Maßstab ihre Internationale aufbauen muß, sie durch ihr Programm und ihre Strategie die Klasseninteressen des Weltproletariats ausdrückt.

Die Jugend, die den Imperialismus und die Bürokratie bekämpfen will, muß ihren Beitrag zu dieser Aufgabe leisten, der die zentrale Aufgabe unserer Epoche ist. Sie kann das nur machen, indem sie der Gesamtheit der Jugend die Mittel zur Organisierung ihrer Mobilisierung gegen den Imperialismus und seine Verbündeten liefert.

Die spezifischen Kampfbedingungen der Jugend erfordern spezifische Organisationen, die unter der Perspektive der sozialistischen Revolution die Jugendlichen im Kampf sammeln.

Das ist in jedem Land die Rolle der revolutionären Organisation der Jugend; das ist im internationalen Maßstab die Rolle der revolutionären Internationale der Jugend. Die Versammlung von Essen stellt kein Ziel, sondern einen Ausgangspunkt dar.

Ihr Erfolg, ihre starke internationale Vertretung und der Enthusiasmus, der sie gekennzeichnet hat, bezeugen den Kampfwillen und das revolutionäre Bewußtsein von abertausenden von Jugendlichen. Darauf muß geantwortet werden.

Von dieser Versammlung kehrt jede Organisation und jeder Kämpfer mit der gewachsenen Entschlossenheit wieder zurück, den Kampf für die sozialistische Revolution durch die Organisierung einer kämpferischen Avantgarde zu verstärken. Jeder fährt weg mit dem bewußten Willen, in seinem täglichen und organisierten Kampf in der Fabrik, im Wohnviertel, der Fakultät, dem Gymnasium, der technischen Hochschule das große historische Ziel zum Ausdruck zu bringen, das uns hier vereint hat: Die Welträterepublik, die sich in Europa ausdrückt in der Parole „Die Vereinigten Sozialistischen Staaten von Europa, die Schaffung einer Föderation von sozialistischen Republiken mit wirklich gleichen Rechten, die allen europäischen Nationen offen steht, einschließlich der Länder Mittel- und Osteuropas."

Daher nehmen die Teilnehmer der Versammlung den Vorschlag der revolutionären Organisation der Jugend auf, die die Initiative für die Versammlung ergriffen haben. Jetzt muß man im Bereich der Organisation vorwärtskommen durch die koordinierte Aktion und die Diskussion in Richtung auf die Konstituierung der revolutionären Internationale der Jugend.

Die Essener Versammlung begrüßt die Teilnahme des Internationalen Komitees der Vierten Internationale und ihre Organisationen, deren Unterstützung und politischer Kampf diese Versammlung ermöglicht haben und konkret den Weg zum Aufbau der Revolutionären Internationale der Jugend eröffnen.

Als Konsequenz bilden die an der Essener Versammlung teilnehmenden Organisationen von jetzt an ein internationales Verbindungskomitee für die Vorbereitung einer internationalen Konferenz der revolutionären Jugend. Dieses Verbindungskomitee wird ein ständiges Sekretariat bestimmen, das die Aufgabe haben wird, die Koordinierung und die Korrespondenz zwischen den teilnehmenden Organisationen zu gewährleisten und ein internationales Bulletin zur Vorbereitung der Konferenz herauszugeben. Dieses Verbindungskomitee bleibt offen und die Teilnehmer der Essener Versammlung laden alle Jugendorganisationen die gegen den Imperialismus und die Bürokratie kämpfen, ein, sich zu assoziieren und an der Diskussion teilzunehmen.

Auch durch die militante Aktion jeder Organisation wird die internationale Konferenz vorbereitet werden, deren Elemente durch schon jetzt mögliche Koordinierungen gegeben sein werden, ausgehend von der Essener Versammlung und der internationalen Aktivität der jungen Revolutionäre.

Im Oktober 1971 werden es 54 Jahre sein, seit die russischen Arbeiter und Bauern sich unter der Führung der Partei Lenins und Trotzkys der Herrschaft bemächtigten. Es werden 15 Jahre sein, seit die Arbeiter Ungarns, anknüpfend an die Sowjets vom Oktober 1917 begannen, ihre Macht zu errichten.

Bei dieser Gelegenheit rufen die in Essen versammelten jungen Revolutionäre alle Jugendorganisationen, die gegen den Imperialismus und die Bürokratie kämpfen dazu auf, eine koordinierte internationale Kampagne zu den folgenden Themen zu führen:

— *Nein zu der imperialistischen Barbarei*
— *Nein zum konterrevolutionären Krieg, der gegen die Völker Indochinas geführt wird.*
— *Für den sofortigen und bedingungslosen Rückzug der imperialistischen Truppen in Indochina.*
— *Für das Selbstbestimmungsrecht der Völker Indochinas*
— *Internationaler Boykott aller Materialtransporte für die imperialistischen Truppen, organisiert von den internationalen Gewerkschaftszentralen, den WGB und die IFGB*
— *Organisierung von Demonstrationen gegen den Imperialismus und seinen Krieg*
— *Es lebe der Kampf der Arbeiter und Bauern Indochinas*
— *Es lebe der Kampf der Arbeiter und der Jugendlichen in den USA gegen „ihren“ Imperialismus*
— *Befreiung der gefangenen amerikanischen Soldaten für ihren Kampf gegen den Krieg. Befreiung der von Nixon gefangen gehaltenen Kämpfer wie Angela Davis*
— *Nieder mit der Teilung Europas, dem Mittel zur Aufrechterhaltung der kapitalistischen Herrschaft!*
— *Nieder mit dem Gemeinsamen Markt des Elends, der Ausbeutung und der Arbeitslosigkeit*
— *Laßt uns dafür kämpfen, daß alle Organisationen der Arbeiterklasse und ihre Jugendorganisationen sich zu einer einzigen Front zusammenschweißen gegen die Folgen des*

imperialistischen Bankrotts, gegen die Arbeitslosigkeit, gegen die Angriffe auf die Freiheit und Organisationsrechte der Arbeiterklasse

— *gegen die Regierungen der Bourgeoisie, gegen die Kollaboration ihrer Regierungen laßt uns in jedem Land Europas den Weg des Kampfes für die Arbeiterregierung öffnen*

— *Internationale Solidaritätskampagne mit den Genossen und Arbeitern, die Opfer der Unterdrückung in den faschistischen Ländern und einer Militärdiktatur unterworfen sind*

— *Es lebe die Arbeiterklasse Spaniens, Portugals und Griechenlands, es leben die vereinigten sozialistischen Staaten von Europa*

— *Die Arbeiter der UdSSR, Polens, der Tschechoslowakei und aller Länder Osteuropas, die gegen die Bürokratie kämpfen, kämpfen für den Sozialismus, für die vereinigten sozialistischen Staaten von Europa*

— *Im Oktober 1971 wird die internationale Einheit des Kampfes des Proletariats durch eine gewaltige Kampagne gegen die konterrevolutionäre Gewalt des Stalinismus bestätigt werden: Schluß mit den Schauprozessen in der Tschechoslowakei, nieder mit der Normalisierung! Schluß mit den Verhaftungen von Genossen, Arbeitern und Intellektuellen in der Sowjetunion, in Polen, Ungarn und in allen Ländern des Ostens.*

— *Abzug der Truppen des Warschauer Paktes aus der Tschechoslowakei!*

— *Es lebe das Selbstbestimmungsrecht der Völker Osteuropas und der UdSSR.*

— *Sofortige Befreiung aller, die gefangen gehalten werden, weil sie für den Sozialismus kämpfen.*

— *Eine internationale Arbeiteruntersuchungskommission.*

— *Durch die entschlossene Aktion der internationalen Arbeiterklasse, die der Kremlbürokratie verbietet, in Polen das zu wiederholen, was sie in der Tschechoslowakei:*

Nein zur konterrevolutionären Bürokratie!

Es leben die Arbeiter Polens! Es leben ihre Arbeiterräte!

Es leben die vereinigten sozialistischen Staaten von Europa, die den Kampf der Arbeiter Ost- und Westeuropas für die sozialistische Weltrevolution verbinden.

Diese Kampagne wird in jedem Land, in den den bestehenden Bedingungen entsprechenden Formen durchgeführt werden (Meetings, Versammlungen, Demonstrationen). Das aus der Versammlung hervorgegangene Verbindungskomitee wird in Zusammenarbeit mit den verschiedenen nationalen Organisationen ihre Formen erarbeiten.

11. Programmatische Erklärung der Kommunistischen Partei Deutschlands (KPD) (Vormals: KPD/AO) vom 30. Juli 1971

Um die Mehrzahl der Werktätigen unter der Führung der Arbeiterklasse gegen Kapitalismus und Imperialismus zusammenzuschließen, ist der Aufbau der Kommunistischen Partei heute die Hauptaufgabe der besten Elemente des Proletariats und aller entschiedenen Marxisten-Leninisten aus den Reihen der revolutionären Intelligenz. Der Aufbau der Kommunistischen Partei Deutschlands knüpft an das revolutionäre Vermächtnis der Vorkämpfer für die proletarische Sache an, deren Namen für den historischen Auftrag der deutschen Arbeiterklasse stehen: Rosa Luxemburg, Karl Liebknecht und besonders Ernst Thälmann.

Nach den folgenreichen Fehlern der KPD nach dem Ende des 2. imperialistischen Weltkriegs hat die mit Billigung der Monopolbourgeoisie ins Leben gerufene DKP an alle Fehler der nach dem Verbot im Jahre 1956 als Organisation aufgelösten KPD angeknüpft. Sie hat die revolutionäre Tradition der Partei Luxemburgs, Liebknechts und Thälmanns vollends verraten und degenerierte zum Handlanger der Monopolbourgeoisie in der Arbeiterbewegung.

Ein wichtiger Schritt zum Aufbau der revolutionären Partei der Arbeiterklasse war die Gründung der KPD-Aufbauorganisation im Februar 1970, die in Westberlin erfolgte. Mit ihrer ersten grundlegenden Veröffentlichung, der ‚Vorläufigen Plattform', legte sie Richtung und Methode des Parteiaufbaus dar. Der Name „Aufbauorganisation" war damals gewählt worden, um die Planmäßigkeit des Parteiaufbaus hervorzuheben und gegen verantwortungslose Parteigründungen, wie die der KPD/ML abzugrenzen, deren ideologische und organisatorische Haltlosigkeit offenkundig war. Dennoch war die Wahl des Namens

„Aufbauorganisation“ falsch: es trifft nicht zu, daß die verschiedenen Etappen in der Stärkung und Reifung der Kommunistischen Partei sich jeweils in entsprechenden Namen niederschlagen. Die KPD-Aufbauorganisation hat vom Tage ihrer Gründung an ihre revolutionäre Verpflichtung gegenüber der Arbeiterklasse und den anderen werktätigen Schichten des Volkes wahrgenommen. Der Wahl eines falschen Namens entsprachen also in keinem Augenblick ihrer politischen Tätigkeit falsche Vorstellungen über die Etappen des Parteiaufbaus. Mit der Gründung ihres zweiten Regionalkomitees im Gebiet Rhein/Ruhr und der Veröffentlichung dieser programmatischen Erklärung, die von den Grundorganisationen der Partei beraten und vom Plenum des Zentralkomitees auf seiner in Essen abgehaltenen Sitzung beschlossen wurde, korrigiert die Partei den in der ursprünglichen Namensgebung liegenden Fehler.

Sie setzt ihre Arbeit unter dem historisch einzig richtigen Namen *Kommunistische Partei Deutschlands (KPD)* fort.

Ausgehend von dem Wunsch nach Einheit aller Marxisten-Leninisten verbindet sie hiermit die Absicht, dem Zirkelwesen und dem Sektenstreit ein Ende zu setzen, um die Arbeiterklasse und die übrigen Werktätigen unter der Führung der Kommunistischen Partei Deutschlands zusammenzuschließen.

I. Einführung

(. . . . .)

II. Grundsätze und Ziele der Kommunistischen Partei Deutschlands

Die KPD stützt sich auf die Erfahrungen der revolutionären Arbeiterbewegung aller Weltteile und Völker. Sie läßt sich leiten vom Marxismus-Leninismus, in dem diese Erfahrungen theoretisch zusammengefaßt sind, und seiner schöpferischen Weiterentwicklung besonders durch Stalin und Mao Tse-tung. Insbesondere knüpft die KPD an die revolutionären Erfahrungen der deutschen Arbeiterbewegung und ihrer Kommunistischen Partei an. Sie steht in der Tradition der KPD, wie sie von Karl Liebknecht und Rosa Luxemburg begründet und durch Ernst Thälmann entscheidend weiterentwickelt wurde. Sie bekämpft alle Spielarten der bürgerlichen Weltanschauung in der Arbeiterbewegung und vertritt konsequent den proletarischen Klassenstandpunkt.

Geleitet vom Marxismus-Leninismus und den Prinzipien der Bolschewisierung der Kommunistischen Partei, wie sie von Ernst Thälmann verfochten wurden, bekennt sich die KPD zum Organisationsprinzip des Demokratischen Zentralismus. Oberstes Prinzip ist für die KPD daher die enge Verbindung mit den Massen sowie die Einheit von Untersuchungen führen und Organisieren, d. h. aus den Erfahrungen der Massen zu lernen und die verallgemeinerten Erfahrungen wieder in die Massen zu tragen.

Nur die Einheit von Demokratie und Zentralismus, die freiwillige und bewußte Anerkennung der organisatorischen Prinzipien der Partei durch die Mitglieder und die auf dieser Grundlage geführte freimütige Diskussion nach innen, sowie die absolute Geschlossenheit der Reihen der Partei nach außen, gewährleisten, daß die KPD ihrer Aufgabe als Vorhutorganisation der westdeutschen und Westberliner Arbeiterklasse gerecht wird. Die absolute Wahrung des Prinzips der Unterordnung der Minderheit unter die Mehrheit, der unteren Ebenen unter die höheren, der Partei unter das Zentralkomitee und aller Mitglieder unter die Partei ist Voraussetzung für die Geschlossenheit der Reihen der Partei.

Gemäß den bolschewistischen Organisationsprinzipien sind die Betriebszellen das Fundament der Partei. Aber auch in allen anderen Bereichen, wo Proletarier oder Halbproletarier arbeiten und leben, errichtet die KPD Zellen. Diese bilden die Grundorganisation der Partei und die entscheidenden Hebel der engen Verbindung der Partei mit den Massen. Nach Beratung der Zellen arbeiten die führenden Ebenen Vorschläge zur Besetzung der jeweils höheren Ebene der Partei aus. Über sie wird demokratisch beschlossen. Die höchste Ebene der Kommunistischen Partei Deutschlands ist der Parteitag. Der 1. Parteitag der KPD wird über den Abschluß der ersten Etappe des nationalen Aufbaus sowie über Programm und Statut der KPD beraten und Beschlüsse fassen. Zwischen den Parteitagen bildet das Zentralkomitee (ZK) die höchste Ebene der Partei.

Das ZK als der führende Kern der KPD verallgemeinert die Erfahrungen der Zellen und mittleren Ebenen der Partei. Fest auf den Grundlagen des Marxismus-Leninismus stehend und unter Anwendung der systematischen Erfahrungen der Partei entwickelt das ZK die Strategie und setzt sie nach dem Prinzip des Zentralismus, d. h. von oben nach unten in allen Gliederungen und Ebenen der Partei durch.

Die KPD hält konsequent fest am politischen Hauptinteresse des Proletariats, der Errichtung der Diktatur des Proletariats, dem Aufbau des Sozialismus als Übergangsetappe zur klassenlosen Gesellschaft: dem Kommunismus.

„Auf der Grundlage der Entwicklung der Warenproduktion entstanden, ist die kapitalistische Gesellschaft gekennzeichnet durch das Monopol der Klasse der Kapitalisten und der Großgrundbesitzer an den wichtigsten und entscheidenden Produktionsmitteln, durch die Ausbeutung der Lohnarbeit der Klasse der Proletarier, die — der Produktionsmittel beraubt — genötigt sind, ihre Arbeitskraft zu verkaufen; sie ist gekennzeichnet durch die Warenproduktion des Profites willen und die mit all dem verbundene Planlosigkeit und Anarchie des Produktionsprozesses in seiner Gesamtheit. Das Ausbeutungsverhältnis und die ökonomische Herrschaft der Bourgeoisie finden ihren politischen Ausdruck in der staatlichen Organisation des Kapitals als Instrument zur Unterdrückung des Proletariats."

(Aus dem Programm der Kommunistischen Internationale 1928)

Der Sturz der Diktatur der Monopolbourgeoisie und die Errichtung der Diktatur des Proletariats als die Diktatur der gewaltigen Mehrheit der Ausgebeuteten über die verschwindende Mehrheit von Ausbeutern ist daher das entscheidende Mittel der Arbeiterklasse, das System der Lohnarbeit, den Gegensatz von Kopf- und Handarbeit, den Gegensatz von Stadt und Land und damit endgültig die Ausbeutung des Menschen durch den Menschen zu beseitigen. Sie ist das Mittel und die sicherste Gewähr für die Durchsetzung der zentralen Planwirtschaft, als der kollektiven Leitung der Produktion durch die von ihrer Partei geführte Arbeiterklasse. Damit im engsten Zusammenhang steht die planmäßige Hebung des materiellen und kulturellen Lebensniveaus der Arbeiterklasse und des übrigen werktätigen Volkes. Gleichzeitig aber ist diese neue Gesellschaft mit den Muttermalen der alten kapitalistischen Gesellschaft behaftet. Daher sind scharfe Klassenauseinandersetzungen auch unter den Bedingungen der Diktatur des Proletariats unvermeidlich. Diese grundsätzliche Erkenntnis von Marx, Engels, Lenin und Stalin wurde in glänzender Weise von Mao Tse-tung, dem großen Führer des chinesischen Volkes beim Aufbau des Sozialismus, und Kim Il Sung, dem Führer des koreanischen Volkes, weiterentwickelt. Ihre Lehre ist:

Es bleibt die Aufgabe der Vorhutorganisation des Proletariats auch unter den Bedingungen der Diktatur des Proletariats, den Kampf um die Vereinigung der Arbeiterklasse, zur Hebung der übrigen werktätigen Schichten des Volkes auf das poliitsche Niveau der Arbeiterklasse und den Kampf zur Erhöhung der Wachsamkeit des ganzen Volkes gegen Kapitalismus und Imperialismus weiterzuführen.

Die entwickeltste Form dieser Weiterführung des Klassenkampfes bisher war die Große Proletarische Kulturrevolution in der Volksrepublik China.

Die KPD kämpft für die Herstellung der Einheit der Arbeiterklasse, indem sie den Kampf gegen die Verschlechterung der Lebensbedingungen und den Abbau demokratischer Rechtspositionen der Arbeiterklasse mit dem Kampf für den Sozialismus verbindet.

Sie macht die wirtschaftlichen Kämpfe des Proletariats wie seine demokratischen Abwehrkämpfe zu Schulen für den entscheidenden Kampf Klasse gegen Klasse. Sie beweist, daß nur die Partei, die die proletarische Revolution vorbereitet, auch wirkliche Verbesserungen für das Lebensniveau der Arbeiterklasse und der übrigen Werktätigen erkämpfen kann und nimmt dem Proletariat jede Täuschung darüber, daß seine Befreiung anders als durch die endgültige Abschaffung des Lohnsystems erreicht werden könnte.

Die KPD enthüllt die bürgerliche Demokratie als Diktatur der Bourgeoisie über diejenigen, die den gesellschaftlichen Reichtum schaffen, und propagiert daher die demokratische Diktatur der Arbeiterklasse über ihre Unterdrücker als die geschichtlich unaufschiebbare Notwendigkeit, wodurch allein wirkliche Demokratie für die breiten Massen hergestellt wird. Vom Standpunkt des Marxismus-Leninismus aus wäre es natürlich im Interesse des Proletariats und des ganzen werktätigen Volkes, wenn die sozialistische Gesellschaft mit friedlichen Mitteln erreicht werden könne. Die KPD stützt sich jedoch auf die geschichtliche Wahrheit, daß bisher in keinem Land der Welt die Monopolbourgeoisie friedlich ihre Machtpositionen geräumt und der Arbeiterklasse übergeben hat. Daher gibt die KPD nicht im geringsten ihre Bereitschaft für die Revolution auf. Sie bereitet sich darauf vor, die Anschläge der Konterrevolution mit allen Mitteln zurückzuwerfen und beharrt auf ihrem Endziel, die Diktatur des Proletariats über alle Ausbeuter und Unterdrücker in Form der sozialistischen Volksrepublik zu erreichen. Der erste Schritt auf dem Wege zu diesem Ziel ist die Anleitung und Organisierung der Abwehrkämpfe des Proletariats um seine wirtschaftlichen Interessen und seine demokratischen Rechtspositionen. Diese Kämpfe sind auf das engste mit dem Kampf um den Sozialismus verbunden, denn in den Abwehrkämpfen gegen die Monopolbourgeoisie schafft die KPD die geschlossene und bewußte proletarische Klassenfront — Voraussetzung des Sieges des Sozialismus.

Wie steht die KPD unter diesen Voraussetzungen zur Frage der Beteiligung an den Wahlen zum bürgerlichen Parlament? In der Epoche des Imperialismus hat sich der Schwerpunkt des politischen Lebens unwiderruflich aus dem bürgerlichen Parlament verschoben. Da jedoch die Monopolbourgeoisie gezwungen ist, einen Teil ihrer Maßnahmen vermittels des Parlaments durchzuführen, hält die KPD — entgegen allen sektiererischen Positionen — daran fest, daß die besonders günstige Situation für die Agitation und Propaganda der Ziele des Sozialismus, welche dadurch geschaffen wird, daß die Monopolparteien zu den Wahlen große Massen wenigstens bis zu einem gewissen Grad in Bewegung bringen, dazu genutzt werden muß, den

Einfluß der bürgerlichen Weltanschauung im Proletariat und den übrigen Schichten des werktätigen Volkes weiter zurückzudrängen. Darüber hinaus wird die KPD sich selbst an den Wahlen zum bürgerlichen Parlament beteiligen, um auch dort die verschiedenen Cliquen der Monopolbourgeoisie zu entlarven. Voraussetzung der Arbeit der KPD im bürgerlichen Parlament ist jedoch, daß die Hauptseite der Parteiarbeit unter den werktätigen Massen selber liegt, der Klassenkampf des Proletariats an Umfang und Tiefe zunimmt.

In diesem Kampf hat die KPD die Pflicht, alle möglichen legalen Stellen zu sichern, sie zu Hilfsstützpunkten ihrer revolutionären Tätigkeit zu machen und diese Stellungen dem Kampf für das Ziel der Errichtung der Diktatur des Proletariats unterzuordnen.

Aufgrund der entwickelten Klassenverhältnisse in der BRD und Westberlin wird die Revolution ihrem Inhalt nach proletarisch sein und den Sozialismus erkämpfen. Ihr Charakter als Volksrevolution ergibt sich daraus, daß das Proletariat die einzige Klasse ist, die in unversöhnlichem Gegensatz zur Monopolbourgeoisie und diejenige Klasse ist, die durch ihren Befreiungskampf auch die anderen Schichten des werktätigen Volkes in die Revolution führt. Deshalb heißt den proletarischen Klassenstandpunkt als Vorhut zu vertreten nicht nur den Kampf um die selbständige Organisierung und Vereinigung des Proletariats zu führen, sondern auch unter den Schichten die Notwendigkeit des Sozialismus zu propagieren, die durch das Monopolkapital ebenfalls verelenden und zunehmend unterjocht werden. Diese Schichten sind objektiv Verbündete des Proletariats. Sie als solche auch zu organisieren sieht die KPD als wichtige Aufgabe an. Sie kommt damit dem Gebote Lenins für eine Kommunistische Partei nach, das besagt, daß der Kampf an allen Fronten zu führen ist. Unter den Bedingungen des Monopolkapitalismus der BRD handelt es sich bei diesen Schichten besonders um die werktätige und studierende Intelligenz, die Werktätigen in Büro und Verwaltung und die armen Bauern.

Um den nationalen mit dem internationalen Kampf in der richtigen Weise zu verbinden, setzt die KPD alles daran, den

Kampf der unterdrückten Völker gegen den USA-Imperialismus, gegen seine verbündeten Monopolbourgeoisien und Marionettencliquen mit allen zur Verfügung stehenden Mitteln zu unterstützen. Heute, da der Imperialismus unter Anführung des USA-Imperialismus mit immer grausameren Terrormaßnahmen gegen die Völker der Welt vorgeht, gilt es, den antiimperialistischen Kampf der Völker Asiens, Afrikas und Lateinamerikas zu unterstützen — allen voran den heldenhaften Kampf des vietnamesischen Volkes und der Völker von Laos und Kambodscha.

Die KPD ist vollständig solidarisch mit den Völkern Chinas, Koreas, Vietnams und Albaniens und ihren revolutionären Vorhutorganisationen, die den sozialistischen Aufbau als entwickelte Form des antiimperialistischen Kampfes voranbringen und alles tun, um den USA-Imperialismus und seine Lakaien politisch, wirtschaftlich und militärisch zu bekämpfen und den nationalen Befreiungsbewegungen beispielhaft zur Seite stehen.

Die KPD kämpft um die Einheit aller Marxisten-Leninisten, die heute teilweise noch zersplittert sind. Der Kampf um diese Einheit erfordert den schonungslosen Kampf gegen alle Überreste bürgerlicher Weltanschauung, gegen alle rechten und „linken" Abweichungen auch und gerade bei den Gruppen und Organisationen, die sich kommunistisch oder marxistisch-leninistisch nennen. Das Entstehen verschiedener ML-Organisationen in fast allen europäischen Ländern und in den USA war eine unmittelbare Reaktion auf die Entstehung zweier Linien in der kommunistischen Weltbewegung, die durch den Verrat der KPdSU-Führung in den Jahren 1956—1959 besiegelt wurde. Die ML-Bewegung folgte historisch genau auf die Veröffentlichung der „Polemik über die Generallinie der kommunistischen Weltbewegung", mit der die KP Chinas auf die Spaltung der kommunistischen Weltbewegung durch die Führer der KPdSU richtig antwortete. Als Produkt dieser ML-Bewegung in der BRD und in Westberlin ist hier nur die KPD/ML zu erwähnen. Dieser Organisation fehlte von Anfang an das bolschewistische Verständnis des demokratischen Zentralismus, die Fähigkeit, den ökonomischen mit dem politischen Kampf, den Kampf um die Tagesinteressen der Arbeiterklasse mit dem

Kampf für den Sozialismus, die Theorie mit der Praxis zu verbinden. Die Spaltung dieser Organisation in drei Gruppen des gleichen Namens ist nur der organisatorische Ausdruck ihrer falschen politischen Linie, Ausdruck der Tatsache, daß sie der historischen Aufgabe, dem Aufbau der Kommunistischen Partei, nicht gerecht wurde.

12. Grundsatzerklärung des Marxistischen Schülerbundes (MSB) — Düsseldorf, 1971

Breiten Kreisen der Schülerschaft erscheinen Form und Inhalt ihrer Ausbildung in immer größerem Maße fragwürdig. Sie haben die Folgen einer verfehlten Bildungspolitik, das heißt überfüllte Klassen, Lehrermangel und den Numerus Clausus zu tragen.

Sie üben Kritik an autoritären Strukturen, willkürlicher Zensurengebung und an reaktionären bzw. den Erkenntnissen der modernen Wissenschaften nicht entsprechenden Bildungsinhalten.

Jedoch hilft es wenig, diese Zustände nur zu kritisieren. Denn wenn man diese Situation ändern will, muß man organisiert sein, und man muß ihre Ursachen kennen. Dann kann ein Plan aufgestellt werden, wie diese Zustände erfolgreich zu bekämpfen sind.

Den Schritt zur Organisation haben wir vollzogen, indem wir uns im Marxistischen Schülerbund/Düsseldorf zusammengeschlossen haben.

Den zweiten Teil, d. h. Analyse und Entwicklung einer Strategie nehmen wir in diesem Programm in Angriff.

Das Bildungssystem hat im Kapitalismus zwei Funktionen:

a) Qualifikation

Es soll die Kinder und Jugendlichen bis zu einem bestimmten Maß qualifizieren. Dies sowohl in berufsvorbereitendem Sinne, als auch in dem Sinn, daß direkte Berufsfertigkeiten vermittelt werden (Berufsschule).

b) Ideologische Anpassung und Disziplinierung

Die Kinder und Jugendlichen sollen ideologisch und psychisch dazu erzogen werden, sich später nicht gegen dieses

System aufzulehnen, sondern es rückhaltlos zu unterstützen. Dieses Ziel wird zur Zeit sowohl durch die vermittelten Lehrinhalte, als auch durch das jetzige Noten- und Disziplinarsystem erreicht.

Das traditionelle Schulsystem

Auf Grund der Dreigliederigkeit unseres Schulsystems (Hauptschule, Realschule, Gymnasium), d. h. der Auslese einer kleinen Elite von bürgerlichen Kindern und der bewußten Verdummung und Disziplinierung der Masse der Schüler, konnte das bundesrepublikanische Bildungssystem bisher den Anforderungen des Kapitalismus gerecht werden.
Sehen wir uns das im einzelnen an:

a) Qualifikation im dreigliederigen Schulsystem

1. Volksschule

75-80 % der Kinder und Jugendlichen eines Jahrgangs (meist Kinder von Arbeitern und Bauern) durchlaufen die Volksschule bis zum Schulabschluß und bekommen dort eine volkstümliche Ausbildung. Sie lernen lesen, schreiben, rechnen und bekommen Vorstellungen und Verhaltensweisen beigebracht, die teilweise noch aus der vorindustriellen Zeit stammen und in keiner Weise dem entwickelten modernen Kapitalismus entsprechen. (Siehe z. B. Volksschullesebücher). Diese „Bildung“ reicht gerade hin, den großen Teil der Jugendlichen in den Produktionsprozeß einzugliedern.

2. Realschule und Gymnasium

Der Rest des Jahrgangs kommt nach dem 4. Schuljahr auf die Realschule und das Gymnasium.

In den Realschulen wird die mittlere Führungsschicht für die Unternehmen und den Staatsapparat herangezogen. Dort wird den Schülern zwar das nötige Sachwissen vermittelt (starke Betonung der Naturwissenschaften), sie kommen aber andererseits kaum mit dem auf dem Gymnasium vermittelten humanistischen Gedankengut in Berührung.

Das Gymnasium schließlich ist die Bildungsanstalt für die Kinder des Bürgertums (noch heute sind nur 8 % der Abiturienten Arbeiterkinder). Die Bildungsinhalte sind stark am humanistischen Gedankengut ausgerichtet. So wurde 1958 von der westdeutschen Rektorenkonferenz und den Kultusministern der sogenannte Tutzinger Maturitätskatalog ausgehandelt, der von den Abiturienten folgendes verlangte: „Einwandfreies Deutsch, die Fähigkeit, einen eigenen Gedankengang zu formulieren und einen fremden richtig wiederzugeben, Verständnis einiger Meisterwerke der deutschen Literatur und der Weltliteratur ... gute Einführung in eine Fremdsprache ... Kenntnis der Elementarmathematik ... in der Physik. Einführung in die Hauptphänomene ... liebhabermäßiges Betrachten der anschaulichen Natur ... Zugang zur biologischen Betrachtungsweise ... in der Geschichte. Kenntnis und Verständnis der geschichtlichen Situation der Gegenwart, wie sie sich seit der französischen Revolution ergeben hat ... Propädeutik ... Verständnis für die philosophischen Einleitungsfragen, besonders für die anthropologischen ... Orientierung über das Christenleben, die Kirchengeschichtlichen Hauptereignisse und Einführung in die ethischen Grundfragen."

Mit einigen Veränderungen besteht das dreigliederige Schulsystem bis heute. Es sichert das Bildungsprivileg der Herrschenden und verweigert dem Großteil der Schüler eine wissenschaftliche Ausbildung.

b) Reaktionäre Lehrinhalte

Die Grundaussagen in unseren Richtlinien und Schulbüchern sind reaktionär und antikommunistisch. Beispielsweise:

Auf der Schule wird gelehrt,

— daß sich die sozialistischen und faschistischen Staaten im Wesen gleichen. (Totalitarismus-Doktrin)

— daß wir in einer Gemeinschaft leben, in der es zwar partielle Meinungsverschiedenheiten, aber keine Klassengegensätze gibt.

— In unseren Geschichtsbüchern werden Einzelpersonen zu Gestaltern der Geschichte erklärt und die Massen verteufelt.

— In unseren Lesebüchern nimmt der Bauer, der seinen Acker pflügt, einen wesentlichen Platz ein. Die Frau ist dort nur Hausfrau.

— In unseren Erdkundebüchern bringen und brachten die Weißen den Farbigen den technischen Fortschritt, die Zivilisation und Demokratie.

Das Ziel unseres Schulsystems ist nicht die optimale Förderung aller Schüler, sondern der Ausstoß einer großen Mehrheit wenig qualifizierter Schüler und die Auslese einer relativ kleinen Elite. Das Kriterium nach dem ausgelesen wird, sind Noten, deren Objektivitätsanspruch heute in keiner Weise mehr aufrecht zu erhalten ist. Daraus ergibt sich folgende Konsequenz:

Das Verhalten der Schüler, die das Abitur schaffen wollen (und wer will das nicht), ist durch das Streben nach guten Noten bestimmt. Nach dem Sinn der erbrachten Leistung wird nicht gefragt. Dieses Verhalten behält der Schüler nach dem Schulabschluß bei. Sein Ziel ist der soziale Aufstieg, egal wie er ihn erreicht und welchen Wert er hat.

Eine Ergänzung des Noten- und Auslesesystems stellen die Disziplinarmaßnahmen dar. Durch die Androhung einer immer härteren Strafe bis zum Schulausschluß soll die bedingungslose Anpassung der Schüler erreicht werden. Diese Anpassung beruht nur auf Angst. Einsicht in sozial schädliches Verhalten wird auf keinen Fall erreicht.

Das beherrschende Prinzip sowohl des Noten- als auch des Disziplinarsystems ist die Individualisierung, d. h. die Vereinzelung der Schüler. Gute Noten sind nur auf Kosten der Mitschüler zu erzielen. („Hoffentlich haben die anderen die Arbeit schlecht geschrieben, damit ich noch eine gute Note bekomme).

Kollektive Leistungen werden nicht bewertet.
Bestraft werden in der Regel nur einzelne Rädelsführer.
Auch hier wird offensichtlich Verhalten eingeübt, was die Schüler nach dem Schulabschluß behalten sollen.

Bildungssystem und wissenschaftlich-technische Revolution

Mit der wissenschaftlich-technischen Revolution (im folgenden kurz WTR genannt), d. h. mit der Einführung automatischer und halbautomatischer Prozesse in die Produktion, wird sich die Qualifikationsstruktur der Gesamtarbeiterschaft in Zukunft entscheidend ändern.

Während bis jetzt im Kapitalismus die Tendenz zur Dequalifizierung vorherrschte (z. B. angelernte statt Facharbeiter) wird unter den jetzigen Bedingungen im Produktionsbereich die Nachfrage nach qualifizierten Arbeitskräften erheblich steigen. Insbesondere werden sich auch die nachgefragten Fähigkeiten ändern.

a) Der Arbeiter muß in der Lage sein, auf Grund seiner Ausbildung den Beruf mehrmals zu wechseln.

b) Es werden zumindest von einem bedeutenden Teil der Arbeiter Fähigkeiten verlangt werden müssen, wie Leitung von Produktionsprozessen in Teilbereichen, selbständiges Treffen von Entscheidungen, die Fähigkeit zu zielgerichteter Kooperation, wenn der größtmögliche Profit auf lange Zeit gesichert werden soll.

Andererseits wird die wissenschaftliche Arbeit im Kapitalismus immer stärker den direkten Interessen der Unternehmer untergeordnet. Dies bedeutet eine Dequalifizierung der wissenschaftlich Arbeitenden vor allem durch einseitige Spezialisierung.

Den Anforderungen der WTR ist das traditionelle, oben geschilderte Schulsystem aus folgenden Gründen nicht gewachsen:

— Das dreigliederige Schulsystem in seiner traditionellen Form läßt die Bildungsreserven in der Arbeiterschaft unberührt. Außerdem behindert die jetzige Konzeption des Unterrichts am Gymnasium (siehe oben) die breite Einbeziehung der Naturwissenschaften, genauso wie der Anspruch auf Allgemeinbildung eine frühzeitige Spezialisierung verhindert.

— Angesichts der Erfolge der Ostblockstaaten beim sozialistischen Aufbau wird der plumpe Antikommunismus, wie er bisher in unseren Schulbüchern vermittelt wurde, zunehmend fragwürdig. Hinzu kommt, daß dieser plumpe Antikommunismus, der jede Kritik als ferngesteuert verketzert, kritische Potenzen, wie sie zur Bewältigung der WTR gebraucht werden, unterdrückt.

— Ähnlich verhält es sich mit dem Noten- und Disziplinarsystem. Auch hier kann die disziplinarische Unterdrückung jeder Selbständigkeit dem System die notwendigen kritischen Potenzen entziehen.

Reformvorschläge der Herrschenden

Angesichts der durch die WTR veränderten allgemeinen Produktionsbedingungen und der sich daraus für den Bildungssektor ergebenden Konsequenzen, zeigen auch Gruppen der Monopolbourgeoisie großes Interesse an schulischen Reformen.

Dieses Interesse konkretisiert sich in folgenden Entwürfen und Plänen, die teilweise schon verwirklicht werden:

- Die Einführung der Hauptschule und des 10. Schuljahrs, damit einhergehend eine Verwissenschaftlichung des Hauptschulunterrichtes.
- Die Änderung der Lehrinhalte unter den oben angeführten Gesichtspunkten.
- Der Oberstufenreform
- Der geplanten integrierten Gesamtschule

Dabei kommt die geplante Oberstufenreform generell dem Wunsch nach frühzeitiger Spezialisierung und der sich anschließenden Straffung des Studiums entgegen. (Dies wird mit Sicherheit das Ergebnis aller zur Zeit laufenden Oberstufenexperimente sein)

Die von den Monopolen geplante Gesamtschule hat für sie folgende Vorteile:

a) Sie ermöglicht die Ausschöpfung der Begabungsreserven von Arbeiterkindern nach dem jeweiligen Bedarf, ohne daß die Herrschenden ihr Bildungsprivileg aufgeben müßten.

b) Sie ermöglicht eine frühzeitige Spezialisierung. Da vom Ausleseprinzip jedoch nicht abgegangen wird, bringt sie gleichzeitig erhöhten Leistungsdruck mit sich.

c) Weil auf ihr die Kinder aller Klassen und Schichten zusammengefaßt sind, ermöglicht sie die verstärkte bewußtseinsmäßige Anpassung der Arbeiterkinder an die bürgerlichen Normen.

Widersprüche, an denen die am Profit orientierte Bildungsreform scheitern muß

Aber selbst ein Großteil dieser Reformvorschläge, insbesondere die integrierte Gesamtschule, ist von der SPD/FDP-Regierung nicht durchgeführt worden und wird nach den neuesten

Aussagen von Regierungsvertretern bis 1980 auch nicht durchgeführt werden. Woran liegt das?

1. Oberflächlich betrachtet scheint z. B. die zur Zeit konzipierte Gesamtschule dem Wunsch nach einer breiten und hohen Qualifikation, sowie nach einer verstärkten Anpassung vollauf zu genügen.

Im Wesen steht jedoch der Wunsch nach Arbeitskräften mit den oben geschilderten Fähigkeiten im krassen Gegensatz zu der Notwendigkeit für den Kapitalismus, die breiten Massen der Bevölkerung möglichst dumm zu halten, damit sie seine Irrationalität nicht einsehen.

Wie sollen Leute, die aus politischen Gründen zur Kritiklosigkeit erzogen werden müssen, schöpferische Aufgaben im modernen Produktionsprozeß lösen?

Wie sollen Fachidioten, die nicht über den beschränkten Horizont ihres Spezialgebietes sehen können, den Aufgaben der WTR gewachsen sein?

Die WTR fordert die Mobilisierung sämtlicher Bildungsreserven und eine hohe Allgemeinbildung für alle. Die Monopole aber brauchen die Beibehaltung des bürgerlichen Bildungsprivilegs, um ihre Herrschaft aufrecht erhalten zu können.

Vor diesem Dilemma stehen alle bürgerlichen Parteien, die eine am Profitprinzip orientierte Bildungsreform durchführen wollen.

2. Die Interessen der einzelnen Monopolgruppen sind unterschiedlich gelagert. Es gibt Monopole, für die eine qualifizierte naturwissenschaftliche Ausbildung schon heute wichtig ist (z. B. die Chemie- und Elektrokonzerne) und es gibt Monopole, für die diese noch nicht so wichtig ist (Kohle, Textil, Lebensmittel).

Aus diesen unterschiedlichen Interessen resultieren zum großen Teil auch die verschiedenen Konzeptionen der bürgerlichen Parteien in den Bildungsfragen.

3. Der Widerspruch zwischen lang- und kurzfristigen Profitinteressen steht ebenfalls einer konsequenten Bildungsreform im Kapitalismus entgegen.

Denn Direktinvestitionen bringen Monopolen hohe und vor allem relativ kurzfristige Profite, Investitionen in eine Bildungsreform dagegen rentieren sich erst nach Jahren.

4. Die Orientierung des westdeutschen Monopolkapitals auf die verstärkte Aufrüstung schränkt natürlich auch sehr stark die finanziellen Möglichkeiten einer Bildungsreform ein.

(11 % Steigung des Rüstungsetats in diesem Jahr. Die Ausgaben für die Rüstung liegen damit einschl. Devisenhilfe, Berlinzuschüssen und verdeckten Posten des Ministeriums für Wissenschaft und Forschung bei einem Drittel des Gesamthaushaltes).

Diese Widersprüche als Ausdruck des Grundwiderspruchs.

Diese Widersprüche haben alle eine gemeinsame Quelle, den Grundwiderspruch des Kapitalismus.

Der Grundwiderspruch des Kapitalismus besteht zwischen der gesellschaftlichen Produktion aller Güter (tausende Arbeiter sind z. B. an der Produktion eines Flugzeuges beteiligt) und deren privater Aneignung durch die Kapitalisten. Auf Grund dieser Aneignung verfügt der Kapitalist über den Profit und damit über die Macht.

Alle Maßnahmen, die er trifft, dienen entweder der Profitsteigerung oder der Sicherung der kapitalistischen Ordnung. Nur ist das Bemühen des Kapitalisten, einen möglichst hohen Profit zu erzielen, nicht mehr wie früher die Garantie der Entwicklung der Produktivkräfte, vielmehr behindert es deren Entfaltung. Dies haben wir oben an verschiedenen Beispielen gesehen. (Behinderung der Entfaltung der Fähigkeiten der Arbeiter, Investitionen in die Rüstung anstatt in die Bildung).

Eine grundlegende Änderung des Bildungssystems im Interesse der Arbeiter und auch im Interesse der Schüler kann deshalb nur in einer grundlegend anders aufgebauten Gesellschaftsordnung verwirklicht werden. In einer Gesellschaftsordnung, in der nicht mehr der Profit, sondern die Bedürfnisse der arbeitenden Menschen die gesellschaftliche Entwicklung bestimmen. Diese Gesellschaftsordnung ist der Sozialismus.

Unser Ziel — der Sozialismus

Im Sozialismus wird nicht nur gesellschaftlich produziert, sondern die Produkte werden auch gesellschaftlich angeeignet. Die Besitzverhältnisse werden endlich dem Stand der technischen Entwicklung angepaßt.
Der Sozialismus ist durch folgende Merkmale gekennzeichnet:

1. Die Monopolbourgeoisie ist enteignet. Alle wesentlichen Produktionsmittel und Bodenschätze befinden sich in Volkseigentum.

2. Nach der Entmachtung der Bourgeoisie übernimmt die Arbeiterklasse im Bündnis mit allen ehemals ausgebeuteten Klassen die Herrschaft und damit die Verfügungsgewalt über die Produktionsmittel.

3. Die Arbeiterklasse und ihre Verbündeten setzen die Produktionsmittel planvoll (wissenschaftlich) zur Befriedigung ihrer geistigen und materiellen Bedürfnisse ein.

4. Im Sozialismus sind damit die Voraussetzungen und die Notwendigkeit einer hohen Allgemeinbildung gegeben.

Die Arbeiterklasse als führende Kraft

Um den Kapitalismus zu beseitigen ist es notwendig, die politische Macht des Monopolkapitals zu brechen und die Umwälzung aller gesellschaftlichen Bereiche durchzuführen. Es gibt im Kapitalismus nur eine Kraft, deren objektive Interessen denen der Kapitalisten direkt entgegengesetzt sind. Es ist dies die Klasse der modernen Lohnarbeiter, zu der heute die große Mehrheit der Bevölkerung gehört.

Nur die Arbeiterklasse kann den Kampf um den Sozialismus anleiten, da ihre objektiven Interessen keinen Kompromiß mit dem System zulassen und da sie durch die Verbindung mit der modernen Großproduktion die best oranisierte Klasse ist.

Der MSB versucht daher nicht, auf eigene Faust einen Weg zum Sozialismus zu finden, sondern er orientiert seine Strategie an der Strategie der internationalen Arbeiterbewegung. Für ihn ist eine antimonopolistische Politik im Bildungssektor nur möglich als integrierter Bestandteil des gesamtgesellschaftlichen Klassenkampfes.

Aus der Orientierung der fortschrittlichen Schüler an der Politik und den Bedürfnissen der Arbeiterklasse ergeben sich für uns zwei Konsequenzen:

1. Die Oberschüler dürfen nicht nur für ihre unmittelbaren Interessen kämpfen, sondern müssen gleichzeitig und vorrangig für die Interessen der Arbeiterklasse im Bildungssektor eintreten. Umgekehrt ist nur in diesem Rahmen eine wirksame Vertretung der Schülerinteressen möglich.

2. Lehrlinge, junge Arbeiter und Oberschüler müssen gemeinsam kämpfen. Von daher strebt der MSB eine enge Zusammenarbeit mit der Sozialistischen Deutschen Arbeiterjugend an.

Der Weg zum Sozialismus

Die objektiven Voraussetzungen für die Errichtung des Sozialismus, d. h. ein entsprechend hoher Stand der Entwicklung der Produktivkräfte, sowie die Existenz eines umfangreichen Planungsapparates sind vom Kapitalismus bereits seit langem geschaffen worden. Gerade in der BRD fehlen jedoch weitgehend die subjektiven Voraussetzungen, d. h. das Bewußtsein breiter Massen der Bevölkerung, daß die Überwindung des spätkapitalistischen Systems für die Befriedigung ihrer Bedürfnisse notwendig ist. (Bei den Schülern verhält es sich ähnlich).

Wir führen deshalb in der gegenwärtigen Etappe den Kampf vor allem um die Verteidigung und den Ausbau demokratischer Rechte. Dieser Kampf muß gegen die beständigen Versuche der Monopole geführt werden, diese Rechte wieder einzuschränken. (Notstandsgesetze, Hochschulrahmengesetz).

Nur in diesem Kampf kann dem allgemeinen Unbehagen über die bestehenden Zustände die klare Stoßrichtung gegen das kapitalistische System und seine Repräsentanten gegeben werden, kann das Bewußtsein von der Notwendigkeit der Überwindung dieses Systems erzeugt werden.

Denn durch diesen Kampf wird der Spielraum der demokratischen Kräfte erweitert, ihre Position im Kampf mit dem Großkapital verbessert sich. Gleichzeitig erzeugt dieser Kampf das Bedürfnis nach der Errichtung einer wirklichen Demokratie, wie sie nur durch die Brechung der Macht des Großkapitals erreichbar ist.

Auf Grund der heutigen Bedingungen wird der Weg zum Sozialismus über die Erkämpfung einer antimonopolistischen Demokratie führen, d. h. über eine Periode, in der die Arbeiterklasse im Bündnis mit allen antimonopolistischen Kräften die Macht ausübt, die Macht der Monopole und damit das Rückgrat des gesamten modernen Kapitalismus bricht und sich gleichzeitig die Fähigkeit erwirbt, die Leitung aller gesellschaftlichen Prozesse selbst in die Hand zu nehmen.

Langfristige Forderungen des MSB

In diesem Rahmen kämpfen wir für ein demokratisches Bildungswesen nach folgenden Prinzipien, von denen sich unter den heutigen Machtverhältnissen jedoch nur einzelne Elemente durchsetzen lassen werden.

— Die Grundlage des demokratischen Bildungswesens muß die einheitliche demokratische Gesamtschule sein, die auf dem Prinzip der Förderung aller Schüler beruht und nicht auf dem Prinzip der Auslese. Auf dieser Schule muß jeder Schüler eine hohe Allgemeinbildung vermittelt bekommen. Die Disziplinarmaßnahmen herkömmlicher Art fallen weg. Besonders Förderungsmaßnahmen sind für Arbeiterkinder einzurichten, um das Bildungsprivileg der herrschenden Klasse zu brechen.

— Die Verwirklichung dieser Ziele erfordert kleine Klassenfrequenzen, ausreichend Lehrkräfte und Ausstattung jeder Schule mit modernen Unterrichtsmitteln.

— In der einheitlich demokratischen Gesamtschule muß der Schüler erzogen werden zu:

Zur Bereitschaft, sich gründliche wissenschaftliche Kenntnisse und allseitige geistige und körperliche Fähigkeiten anzueignen

Zur Bereitschaft, diese Kenntnisse im Interesse der arbeitenden Bevölkerung einzusetzen

Zum aktiven Eintreten für demokratischen Fortschritt

Zur Friedensliebe, zur Solidarität mit den Befreiungs-

kämpfen der Völker gegen Imperialismus, Faschismus und Krieg.
Zur Solidarität mit den sozialen und politischen Kämpfen der Arbeiterbewegung.

— Um diese Forderungen durchzusetzen und ihre Einhaltung zu überwachen, ist die umfassende Mitbestimmung von Pädagogen, Eltern, Schülern, demokratischen Jugendorganisationen und Gewerkschaften auf allen Ebenen des Bildungswesens, von der einzelnen Schule bis zum Kultusministerium, notwendig.
— Die Finanzierung dieser Maßnahmen muß durch eine radikale Senkung des Rüstungshaushaltes und über die Kürzung der Profite des Großkapitals sichergestellt werden.

Der Hauptstoß im Kampf um ein demokratisches Bildungswesen, um demokratischen Fortschritt und den Sozialismus richtet sich gegen die CDU/CSU und die mit ihr verflochtene Rüstungsindustrie, da diese Kräfte die konsequentesten und rücksichtslosesten Vertreter des BRD-Imperialismus sind. Das hindert uns jedoch nicht daran, auch die halbherzige, in ihrer grundsätzlichen Anlage ebenfalls den Interessen des Imperialismus dienende Politik der SPD/FDP-Führung zu entlarven.

13. Hauptresolution und Aktionsprogramm des Verbandes Deutscher Studentenschaften (vds) vom 4.—7. Mai 1972

Die Lage und der Kampf der Studenten — die Reaktion der Herrschenden

Die Situation der Studenten in der BRD seit der 23. o. MV des vds ist gekennzeichnet durch weitere materielle Verschlechterungen und wachsende Unsicherheit der Berufsperspektive, durch verschärfte politische Repressionen.

Das am 1. 10. 1971 in Kraft getretene Bundesausbildungsförderungsgesetz erfüllt nicht die Forderung der Studenten nach einem Ausbildungsförderungssystem, das allen Studenten eine materiell abgesicherte Ausbildung ermöglicht. Das BAFöG beinhaltet vielmehr gegenüber der Förderung nach dem Honnefer Modell materielle Verschlechterungen und Einschränkungen der ohnehin unzulänglichen studentischen Mitbestimmungsmöglichkeiten. Es erweist sich zugleich als Instrument zur Reglementierung und Disziplinierung der Studenten und zur Erhöhung des Leistungsdrucks.

Viele Studenten sehen ihre Krankenversicherung in skandalöser Weise in Frage gestellt. Die Deutsche Studenten-Krankenversorgung (DSKV) steht vor der Alternative, entweder die Beiträge nochmals in sozialpolitisch untragbarem Ausmaß zu erhöhen oder die Leistungen unverantwortlich zu senken, und droht, noch in diesem Jahr in Konkurs zu gehen, ohne daß die von den Studenten und vom vds geforderte gesetzliche Regelung der Krankenversicherung für alle Studenten in Sicht ist.

Die Wohnsituation für die Studenten und große Teile der Bevölkerung verschärft sich immer mehr. Trotz stark ansteigender Studentenzahlen geht das Zimmerangebot bei einem katastrophalen Mangel an Wohnheimplätzen immer weiter zurück, so daß sich ein sozialer Numerus clausus ständig steigenden Ausmaßes ergibt. Ursache hierfür ist das Privateigentum an Grund und Boden und das daraus resultierende Profitstreben der Eigentümer. Immer weniger Studenten, vor allem aus Arbeiterfamilien, können die hohen Mietsteigerungen aufbringen und eine Wohnung finden, die Voraussetzung für einen erfolgreichen Abschluß des Studiums ist.

Gleichzeitig treffen die Studenten ebenso wie die werktätige Bevölkerung die enormen Preiserhöhungen der letzten Zeit, die allein der Profitsteigerung der großen Konzerne zugute kommen.

Zugleich entspricht auch die Hochschulausbildung selbst immer weniger den Anforderungen an die Studenten im späteren Beruf und ihren politischen Interessen. Hier zeigt sich, daß die kurzfristigen ökonomischen stark durchsetzten, daß nicht einmal die von Teilen der Wirtschaft im Interesse längerfristiger Profitoptimierung propagierten Ausbau- und Reformmaßnahmen im Bildungsbereich realisiert werden, geschweige denn konsequente Reformmaßnahmen im Interesse der Auszubildenden, die eine grundsätzliche Umorientierung der Bildungspolitik und ein grundlegend zugunsten der arbeitenden Bevölkerung verändertes gesellschaftliches Kräfteverhältnis erfordern. In überfüllten Vorlesungen, Seminaren, Bibliotheken und Instituten erhalten die Studenten eine Ausbildung, die in keiner Weise mehr den durch den raschen wissenschaftlich-technischen Fortschritt und Strukturwandel gekennzeichneten Qualifikationsanforderungen entspricht. Die dadurch für die Masse der Studenten vorherrschende Ausbildung in Schmalspurstudiengängen verstärkt ihre soziale Unsicherheit im späteren Beruf.

Statt den Numerus clausus möglichst rasch zu beseitigen, soll er zum Instrument der kapitalistischen Bildungsplanung ausgebaut werden. Dadurch wird vor allem der Ärzte- und Lehrermangel verschärft, zu Lasten der abhängigen Ärzte in den Krankenhäusern und der Lehrer, deren Arbeitsbedingungen sich weiter verschlechtern, zu Lasten der arbeitenden Bevölkerung, die besonders unter unzureichender Gesundheitsfürsorge und rückständigem Bildungswesen zu leiden hat.

HRG und Bildungsgesamtplan kennzeichnen den Versuch einer straffen Lenkung der Auszubildenden in und durch die verschiedenen Ausbildungsinstitutionen. Durch ein ganzes System von Zulassungsbeschränkungen, Prüfungen, studienbegleitender Beratung, Aufteilung der Studenten auf Kurz- und Langstudien wird für die Studenten eine Situation geschaffen, die zu verstärkter Anpassung und unkritischer Rezeption vorbestimmter Lehrinhalte führen soll.

Diese Entwicklung der sozialen und politischen Lage der Studenten hat bei immer mehr von ihnen die Einsicht wachsen lassen, daß die ihnen vermittelten Ausbildungsinhalte nicht an ihren Interessen nach qualifizierter Ausbildung und nach Erkenntnis der gesellschaftlichen Zusammenhänge im Kapitalismus orientiert wird, sondern sich allein an der kurzfristigen Verwertbarkeit der Arbeitskräfte für das Profitsystem der Großindustrie ausrichten.

So hat die Studentenbewegung, die ansetzte an dem Widerspruch zwischen dem humanistischen Anspruch der „westlichen Welt" und der Aggression der USA in Vietnam, aus dem Widerspruch zwischen bürgerlich-demokratischer Ideologie und der Realität in der BRD, die durch die Verabschiedung der Notstandsgesetze und von dem Manipulationsapparat des Springer-Konzerns wesentlich mitgeprägt wurde, gelernt, daß die Politik der Herrschenden sie selbst unmittelbar betrifft und die Demokratisierung der Hochschule eng verbunden ist mit der Demokratisierung der Gesamtgesellschaft.

Dabei hat eine immer größer werdende Zahl von Studenten den Kampf für ihre eigenen sozialen und ausbildungsbezogenen Interessen mit dem Kampf für mehr Demokratie und Freiheit mit dem Ziel des Sozialismus verbunden.

In dem Maße, wie es dieser Bewegung gelang, diesen Kampf in Aktionen einer breiten studentischen Basis zu entfalten, in der konkreten Zielrichtung bundesweit wirkungsvoll zu vereinheitlichen, durch institutionelle und außerinstitutionelle Erfolge abzusichern und in der Breite des Bündnisses mit Hochschullehrern und Gewerkschaften zu erweitern, in diesem Maße verschärfte sich allerdings auch die Reaktion der herrschenden Kreise in der BRD und ihres Staatsapparates.

In weiten Teilen der Bildungspolitik verstärkte sich durch eine „große bildungspolitische Koalition" von CDU/CSU und

SPD-Rechten das Moment der politischen Herrschaftssicherung im Interesse des Großkapitals, nachdem bereits frühzeitig statt der versprochenen demokratischen Reformen den Einfluß der Großkonzerne und Banken festigende Maßnahmen eingeleitet wurden.

Das HRG wurde — gegen den entschiedenen Widerstand von Studenten, BAK, GEW, Teilen der WRK bis hin zur SPD-Linken im Bundestag — von Entwurf zu Entwurf stärker den offen reaktionären Forderungen der CDU/CSU angepaßt. Kurzstudiengänge für die Masse der Studenten, Beschneidung ihrer bisherigen ohnehin nur dürftigen Mitbestimmungsrechte, Zentralisierung der Entscheidungen über Studieninhalte und Studienreform beim Staat im Interesse der Großindustrie sind seine wesentlichsten Inhalte, deren Tendenz durch die Wiederbelebung des Ordnungsrechtes noch verschärft werden soll. Gesetze wie das Bundesausbildungsförderungsgesetz, das Graduiertenförderungsgesetz, zentrale Prüfungsordnungen etc. komplettieren dieses Instrumentarium der Formierung.

Dazu treten weitere politische Druckmittel gegen alle Studenten, die den Kampf für ihre Interessen aufgenommen haben. Die CDU/CSU fordert die Abschaffung der Organe der verfaßten Studentenschaft, der ASten und des vds, was RCDS und NHB durch Gebührenverweigerungskampagnen und einstweilige Verfügungen gegen die Zahlung der vds-Beiträge massiv unterstützten. Die SPD-Rechte versucht ihrerseits durch HRG und Ländergesetze und die Verweigerung der finanziellen Unterstützung des vds die studentischen Interessenvertretungsorgane politisch zu knebeln. Darüber hinaus soll durch Verbotsdrohungen gegen linke Studentengruppen die Studentenbewegung gelähmt und zerschlagen werden.

Am gravierendsten sind jedoch die Berufs- und Berufungsverbote, die mit dem Hamburger Senats-Erlaß begannen und in den Richtlinien der Ministerpräsidentenkonferenz zur Einstellung von sog. Verfassungsfeinden ihren Höhepunkt fanden. Sie dienen der politischen Herrschaftssicherung des Monopolkapitals und sollen in verfassungswidriger Weise allen politisch aktiven Studenten, Lehrern und Wissenschaftlern und allen fortschrittlichen Beamten im öffentlichen Dienst, die für die

Erweiterung demokratischer Rechte und für materielle Verbesserungen für die arbeitende Bevölkerung und die Auszubildenden eintreten, erkämpfte politische Rechte nehmen und ihre materielle Existenz bedrohen.

Gegen diese Unterordnung von Wissenschaft und Ausbildung unter die Interessen der ökonomisch und politisch Herrschenden setzen sich viele Studenten zunehmend zur Wehr. Für eine erfolgreiche Durchsetzung ihrer Ziele ist es notwendig, daß die demokratischen Organisationen der Studenten sich trotz bestehender ideologischer und politischer Differenzen für konkrete demokratische Forderungen verbünden und im Rahmen der im vds zusammengeschlossenen Studentenschaften zusammenarbeiten. In den Aktionen gegen das BAFöG, gegen das HRG, gegen die Berufsverbote wurde vielen Studenten deutlich, daß Bildungsnotstand und politische Repression aus den gesellschaftlichen Machtverhältnissen in der BRD entspringen und daß man deshalb das Bündnis mit allen fortschrittlichen Kräften auch außerhalb der Hochschule suchen muß.

Der Kampf der arbeitenden Bevölkerung und seine Bedeutung für den Kampf an den Hochschulen

In ihrem Kampf für die Behebung der Bildungsmisere, für eine qualifizierte wissenschaftliche Ausbildung und für materielle Sicherstellung haben die Studenten erfahren, daß sie mit diesen Forderungen nicht allein stehen.

Nach wie vor sind Arbeiter, Angestellte und Lehrlinge von jeglicher realer Einflußmöglichkeit auf die sie betreffenden Entscheidungen ausgeschlossen, reichen die Mitbestimmungsrechte von Belegschaften und Gewerkschaften nicht dazu aus, die Interessen ihrer Mitglieder wirksam gegen die Macht der Unternehmer zu behaupten. Ob jemand seinen Arbeitsplatz verliert, wie oder was produziert wird, das bestimmen allein die Großkapitalisten.

Wie die Studenten für mehr Chancengleichheit durch Verbesserung der Ausbildungsförderung und für eine inhaltliche Reform der Ausbildung eintreten, die die Einsicht in die gesellschaftliche Funktion im Beruf und auch bessere Voraussetzungen im Kampf für die Sicherung der Arbeitsplätze schafft, so kämpfen auch viele Lehrlinge und junge Arbeiter für materielle Verbesserungen und für ein Ausbildungssystem, das ihnen eine höhere Qualifikation ermöglicht. Wie viele Studenten führen auch die Arbeiter den Kampf für eine Mitbestimmung, die der Gefahr der Integration in das System dadurch begegnet, daß sie in der Verbindung der Arbeit in den Gremien mit dem außerinstitutionellen Kampf betrieben wird. Dabei stehen sie den Interessen gegenüber, denen sich auch die Studenten in ihrem Kampf konfrontiert sehen: den Profit- und Herrschaftsinteressen des Kapitals und seines Staates. Denn die Gesellschaftsordnung der BRD ist vom Grundwiderspruch aller kapitalistischen Gesellschaftsordnungen geprägt, dem Widerspruch zwischen gesellschaftlicher Produktion und privater Aneignung, der sich in einem verschärften objektiven Interessengegensatz zwischen Monopolen und werktätiger Bevölkerung niederschlägt, im Widerspruch zwischen der zahlenmäßig kleinen, aber äußerst mächtigen Gruppe der Herrschenden von Industrie, Banken und Staat auf der einen Seite und der vom Monopolkapital unterdrückten Mehrheit des Volkes auf der anderen Seite.

Allenthalben sind Arbeiter, Angestellte, Lehrlinge, Schüler und Studenten gegen die zunehmende Verschlechterung ihrer materiellen Situation aktiv geworden. In gemeinsamen Aktionen, sei es gegen Tariferhöhungen bei den öffentlichen Verkehrsmitteln (wie etwa Rote-Punkt-Aktion), sei es gegen die Vernichtung von Wohnraum und gegen Mietwucher, haben die gemeinsamen Interessen ihren Niederschlag gefunden. In den September-Streiks 1969, in den Streiks der Chemie- und Metall-Industrie 1971 hat die Arbeiterklasse deutlich gemacht, daß sie nicht länger bereit ist, Lohndrückerei und Unternehmerwillkür kampflos hinzunehmen.

Aufgrund all dieser Aktionen hat sich bei vielen Studenten immer mehr die Einsicht durchgesetzt,

— daß die Interessen von Studenten und Arbeiterklasse zwar nicht identisch, in den grundlegenden Fragen aber gleichgerichtet sind;
— daß die Mehrheit der Studenten mit der arbeitenden Bevölkerung das gemeinsame Interesse verbindet, Frieden und

Demokratie zu verwirklichen, den Kapitalismus zu überwinden;
— daß ihre demokratischen Interessen nur gegen den erbitterten Widerstand des Großkapitals und seines Staates durchgesetzt werden können;
— daß sie in ihrem Kampf nur dann erfolgreich sein werden, wenn sie mit der Arbeiterklasse und ihren Organisationen eng zusammenarbeiten.

Zugleich haben viele Studenten erkannt, daß Monopolherrschaft nicht nur Ausplünderung und Unterdrückung der arbeitenden Bevölkerung in der Bundesrepublik bedeutet, sondern auch, wie die verbrecherische US-Aggression in Indochina, die Aufrechterhaltung des portugiesischen Kolonialismus in Afrika und die Stützung von volksfeindlichen Militär-Diktaturen durch die westlichen Industrienationen beweisen, Aggression und neokolonialistische Ausbeutung nach außen.

Auch die herrschenden Kräfte in der BRD unterstützen politisch und materiell den US-Krieg in Indochina. Durch Waffenlieferungen fördern sie den portugiesischen Kolonialismus in Mozambique, Angola, Guinea-Bissao. Ausgezeichnete Beziehungen unterhalten die BRD-Großkonzerne und ihre staatlichen Repräsentanten zu terroristischen Militärdiktaturen wie Brasilien und Persien und zu rassistischen Regimen wie Südafrika. Im Rahmen der NATO tragen die BRD-Monopole zur Stützung faschistischer Regimes in Spanien, Portugal, Griechenland und der Türkei bei.

Deshalb engagieren sich auch die Studenten in der BRD, denen der Zusammenhang zwischen ihrer eigenen sozialen und politischen Situation und Elend, Hunger und Unterdrückung in der „Dritten Welt“ zunehmend bewußt wird, gegen die imperialistischen Aktivitäten der herrschenden Klasse. Da die ausländischen Kommilitonen, die in der BRD studieren, durch die Herrschenden in ihrem Land und der Bundesrepublik bedroht sind, ist es eine sehr wichtige Aufgabe der Studenten der BRD, gemeinsam mit ihren ausländischen Kommilitonen den Kampf für freie politische und gewerkschaftliche Betätigung und Verbesserung der materiellen Studienbedingungen zu führen. Das gemeinsame Interesse an Frieden und Entspannung und an der Zurückdrängung des Imperialismus verbindet die Studenten der BRD daher auch mit den Studenten anderer Länder, die an der Seite ihrer Völker für Frieden und Zusammenarbeit, gegen Imperialismus und Kolonialismus kämpfen. In Europa haben die von der Bundesregierung abgeschlossenen Verträge von Moskau und Warschau, die den veränderten Kräfteverhältnissen in der Welt und dem Streben der Bevölkerung der BRD und der Völker Europas nach Sicherheit und Entspannung Rechnung tragen und die von der Unveränderbarkeit der Grenzen in Europa ausgehen, eine große Bedeutung für die Erhaltung des Friedens. Die Ratifizierung und Verwirklichung der Verträge, die Schaffung eines kollektiven Systems der Sicherheit und Zusammenarbeit in Europa würden darüber hinaus bessere Bedingungen schaffen für den Kampf der arbeitenden Bevölkerung und der Studenten für die Kürzung des Rüstungsetats und gegen die Kräfte der äußersten Reaktion, weil damit die Rechtfertigung der Politik der Aufrüstung und des militanten Antikommunismus erschwert werden würde.

Die Politik der herrschenden Klasse und die Bedingungen des Kampfes zur demokratischen Bewegung

Im Kampf für ihre sozialen und politischen Interessen sehen sich Studenten und arbeitende Bevölkerung immer wieder den Aktivitäten der Monopole gegenüber, ihre Profite und ihre gesellschaftlichen Machtstellungen aufrechtzuerhalten.

In dem Maße, in dem der Kampf der Arbeiter und Angestellten in den Betrieben und der Studenten an den Hochschulen für ihre materiellen Interessen und für die Erweiterung ihrer Rechte an Geschlossenheit und Kraft zugenommen hat, gehen die Herrschenden dazu über, demokratische Rechte auszuhöhlen und abzubauen, um auf diese Weise ihre Herrschaft zu sichern. Was mit den Notstandsgesetzen 1968 vorbereitet wurde, soll durch Friedenspflicht und Verbot der politischen Betätigung in den Betrieben und den Hochschulgesetzen fortgesetzt werden, statt realer Mitbestimmung bringt die Neufassung des Betriebsverfassungsgesetzes nur unwesentliche Erweiterungen der demokratischen Mitbestimmungs- und Kontrollrechte der

Belegschaften, nicht dagegen eine Änderung des arbeiterfeindlichen Kerns des alten Betriebsverfassungsgesetzes, der „partnerschaftlichen“ Zusammenarbeit, der Friedenspflicht, des Verbotes der parteipolitischen Betätigung im Betrieb.

Ein entscheidendes Moment in den Maßnahmen zur Absicherung der derzeitigen gesellschaftlichen Machtverhältnisse stellt heute die von der Reaktion in der BRD entfachte Antikommunismus-Kampagne dar. Sie zielt darauf ab, in der Bevölkerung eine irrationale Angst vor gesellschaftlicher Veränderung zu erzeugen und diejenigen in verfassungswidriger Weise zu diskriminieren, die sich konsequent gegen den Abbau demokratischer Rechte einsetzen, seien sie nun Kommunisten, Sozialdemokraten, Radikaldemokraten oder Liberale. Ihren vorläufigen Höhepunkt fand diese Kampagne in den Berufsverboten der Länderministerpräsidentenkonferenz, in der künstlich erzeugten Kriminellen-Hysterie, die zum Anlaß zur Erprobung von Notstandsaktionen genommen wird, und in der verschärften Demagogie von Springer-Presse und ZDF-Löwenthal, die sich immer offener auf die Seite der äußersten politischen Reaktion in der CDU/CSU schlagen.

Die Konzentration des Kapitals in der BRD zu immer größeren ökonomischen und politischen Machtzentren, vor allem die wachsende Rolle der Rüstungsmonopole hat dazu geführt, daß im Interesse der politischen Herrschaftssicherung die Militarisierung aller gesellschaftlichen Bereiche weiter voranschreitet. Die Rüstungsausgaben werden ständig weiter erhöht, Mobilmachungsübungen werden angekündigt, der Bundesgrenzschutz soll als paramilitärische Polizeitruppe gegen demokratische Kräfte eingesetzt werden.

Schulen und Hochschulen sollen mit militärischen Ausbildungs- und Forschungsinhalten durchsetzt werden, und die Gründung von Bundeswehrhochschulen wird weiter vorangetrieben.

Der Staat übernimmt dabei nicht nur die Funktion, die bestehenden Herrschaftsverhältnisse notfalls auch durch Beseitigung demokratischer Rechte abzusichern, sondern fördert darüber hinaus massiv die ökonomische und politische Machtkonzentration des Kapitals und mobilisiert die notwendigen Ressourcen für die Aufrechterhaltung und den Aufbau der fortgeschrittensten Produktionstechniken.

An dieser Politik der Förderung der Macht der Großunternehmen und des Abbaus demokratischer Rechte sind nicht nur CDU/CSU und FDP, sondern auch bestimmende rechte Teile der SPD aktiv beteiligt. Die Hoffnung, die viele Studenten auf das Ende der 20jährigen CDU-Herrschaft durch die Bildung der SPD/FDP-Koalition gesetzt hatten, sind enttäuscht worden. „Mehr Demokratie wagen“ und „Priorität für die Bildung“ hatten SPD und FDP bei Regierungsantritt versprochen. Ihre Taten sahen und sehen jedoch anders aus.

Statt der versprochenen demokratischen Reformen und erweiterten Mitbestimmungsrechten bedeutet die Politik der sozialdemokratisch geführten Bundesregierung für die Studenten die weitere Unterordnung ihrer Ausbildung unter die Interessen des Kapitals, nicht „mehr Demokratie“, sondern Ordnungsrecht, Mitwirkungszwang und Streikverbot in Aussicht auf das bevorstehende Hochschulrahmengesetz.

Die Tatsache, daß der Regierungswechsel an den Besitz- und Machtverhältnissen in der BRD nichts geändert hat, haben die Studenten in ihrem Kampf selbst erfahren. Weder von der SPD/FDP, schon gar nicht von einer CDU/CSU-Regierung können die Studenten eine Erfüllung ihrer berechtigten Forderungen erwarten. Um ihre politischen und sozialen Interessen durchzusetzen, muß die Masse der Studenten an der Seite der arbeitenden Bevölkerung selbst aktiv werden, muß sie den Kampf aufnehmen für eine Veränderung der politischen und ökonomischen Machtverhältnisse in diesem Land. Dabei entspricht es den Interessen der Mehrheit der Studenten, davon auszugehen, daß eine sozialdemokratisch geführte Regierung um der Erhaltung ihrer sozialen Basis willen bei entsprechendem Druck von Seiten der demokratischen Kräfte weit eher zu Zugeständnissen veranlaßt werden kann als eine CDU/CSU-Regierung, die versuchen würde, die demokratische und sozialistische Bewegung zu zerschlagen, und mit dem Zunichtemachen der positiven Ansätze der Entspannungspolitik gegenüber den Ländern des Warschauer Vertrages den Frieden gefährden würde.

Darum muß der Kampf in erster Linie gegen die CDU/CSU und die Kräfte der äußersten Reaktion und die hinter ihnen stehenden ökonomischen und politischen Kräfte geführt werden.

Die Formierung von Wissenschaft und Ausbildung und die veränderte Lage der Intelligenz

Von diesen entscheidenden gesamtgesellschaftlichen Auseinandersetzungen und Entwicklungen werden auch die Auseinandersetzungen an den Hochschulen geprägt. Wissenschaft und Forschung haben eine entscheidende Bedeutung für den gesellschaftlichen Entwicklungsprozeß erlangt. Die gesellschaftlich notwendige Qualifikation der Arbeitskraft wächst in dem Maße, in dem die Ergebnisse wissenschaftlicher Forschung direkt in den gesellschaftlichen Arbeitsprozeß einfließen. Damit steigt der Bedarf an wissenschaftlich ausgebildeten Arbeitskräften, der Ausbildungssektor erhält wachsende Bedeutung. Diese Entwicklung ist der Grund für die verstärkten Versuche der Monopole, den Wissenschafts- und Ausbildungssektor in ihrem Interesse zu formieren.

Dabei dient die Aneignung und Monopolisierung der wissenschaftlichen Arbeit durch die Großkonzerne allein der Profitmaximierung und der Herrschaftssicherung; die Bedürfnisse der arbeitenden Bevölkerung bleiben unberücksichtigt. Mit der Abhängigkeit der Wissenschaft von den Bedürfnissen der Produktion wird auch die Produktion immer abhängiger von den Ergebnissen der wissenschaftlichen Arbeit und ihrer möglichst reibungslosen Überführung in die Produktion. Unter kapitalistischen Produktionsverhältnissen ist damit die Kapitalisierung der Wissenschaft, ihre manifeste Indienstnahme durch das Kapital impliziert. Darüber hinaus läßt die Militarisierung der Wissenschaft, die sich z. B. in den Forschungsarbeiten vieler Hochschulinstitute für das Bundesverteidigungsministerium zeigt, diese selbst zur Destruktivkraft werden. Der wissenschaftlich-technische Fortschritt, den die Lohnabhängigen finanzieren, und der durch ihre Arbeit erst möglich wird, richtet sich unter kapitalistischen Bedingungen gegen sie selbst.

Mit der rapiden Entwicklung von Wissenschaft und Technik verändert sich auch die Lage der wissenschaftlichen Intelligenz. Ihre Arbeit unterliegt zunehmend der Arbeitsteilung und Spezialisierung; die Angehörigen der Intelligenz entwickeln sich immer mehr zu eng spezialisierten Teilarbeitern. Die schnelle Entwertung einmal erworbener Fähigkeiten und Fertigkeiten — durch die Einführung von Kurzstudiengängen erheblich verschärft — führt zur zunehmenden Unsicherheit ihrer Existenz.

Doch nicht nur im späteren Beruf, sondern schon bereits während des Studiums gerät ein großer Teil der Studenten in direkten Interessengegensatz zu den Monopolen, denn das im Interesse der Monopole formierte Bildungswesen der kapitalistischen Gesellschaft ist nicht fähig, elementaren Interessen der Studenten Rechnung zu tragen. Das Interesse der Studenten, ihre eigene Stellung in der Gesellschaft — in Studium und Beruf — zu erkennen, die gesellschaftlichen Zusammenhänge ihrer Ausbildung zu begreifen, ihre Forderung nach marxistischen und demokratischen Wissenschaftlern, ihre Forderung nach freier politischer Betätigung, nach Mitbestimmung und Demokratisierung der Hochschule, all diese Ziele richten sich gegen das Interesse der herrschenden Klasse nach Indoktrination der Studenten mit reaktionären Ideologien, nach politischer Disziplinierung. Genauso sind auch ihre Forderungen nach einem System der Ausbildungsförderung, das allen Studenten eine materiell abgesicherte Ausbildung ermöglicht, nach Gesundheitsfürsorge und sozial tragbaren Mieten nur im Kampf gegen die ökonomische und politische Macht des Monopolkapitals durchzusetzen.

Zur Politik an der Hochschule

Der Erfolg der demokratischen und sozialistischen Organisationen an der Hochschule hängt wesentlich davon ab, inwieweit es gelingt, die Mehrheit der studierenden Intelligenz für ihre tatsächlichen Interessen zu mobilisieren und durch Einsicht in ihre wirkliche Lage zu politisieren.

Es gilt insbesondere in Aktionen, die von den Fachschaften und ASten organisiert werden, bei der Mehrheit der Studenten die Bereitschaft zu stärken, ihr Interesse z. B. an demokratischen berufsqualifizierenden Lehrinhalten, materieller Absicherung des Studiums usw. zu artikulieren und offensiv zu vertreten.

Es gilt bei der Anlage von solchen Aktionen anzuknüpfen an die unmittelbaren Interessen der Studenten, ihre konkreten Kampferfahrungen zu berücksichtigen und solche Forderungen zu formulieren, die an das politische Bewußtsein der Studenten anknüpfen, aber gleichzeitig über die einzelne Aktion hinausweisen, indem sie sie einordnen in die gesellschaftliche Auseinandersetzung mit dem Monopolkapital.

Es gilt der Mehrheit der Studenten in solchen Aktionen die Einsicht in ihre wirkliche Lage zu vermitteln und sie für den demokratischen Massenkampf zu gewinnen, damit sie ihr historisches Interesse an der Überwindung des Kapitalismus erkennen können. Eine solche Politik kann nur erfolgreich sein, wenn es gelingt, ständische Berufserwartungen bei der Mehrheit der Studenten abzubauen und die Masse der studierenden Intelligenz auf ihre tatsächliche Berufsperspektive zu orientierren und ihnen schon während des Kampfes an der Hochschule die Einsicht zu vermitteln, daß die Gewerkschaften eine gesellschaftliche Kraft sind, ohne die eine reale Veränderung der gesellschaftlichen Machtverhältnisse nicht möglich ist. So muß in der Zusammenarbeit mit den Gewerkschaften bei den Studenten die Bereitschaft geweckt werden, sich in ihrem späteren Beruf aktiv am gewerkschaftlichen Kampf in der Einheit von ökonomischem und politischem Kampf zu beteiligen.

Bei einer solchen Strategie haben die Fachschaften insbesondere die Aufgabe, an unmittelbar studienbezogene Interessen der Studenten anzuknüpfen und in solchen Forderungen zu konkretisieren, die dazu führen, daß ein immer größer werdender Teil der Studenten bereit ist, sich aktiv an dem Kampf um die Durchsetzung ihrer kollektiven Interessen zu beteiligen.

Es gilt bei der Aufstellung solcher Forderungen die tatsächliche Perspektive der Mehrheit der Studenten einzubeziehen und die sich daraus ergebende tendenzielle Übereinstimmung zwischen den Interessen der arbeitenden Bevölkerung und denen der Mehrheit der Studenten herauszustellen. Dazu gilt es, berufsbezogene Kontakte mit Organisationen der arbeitenden Bevölkerung auf Fachschaftsebene herzustellen und die Mehrheit der Studenten auch so auf eine spätere Mitarbeit in den Gewerkschaften des DGB zu orientieren.

Aufgaben der ASten in einer solchen Politik ist es, die Auseinandersetzung auf der Ebene der einzelnen Fächer zu initiieren, zu koordinieren und zu unterstützen und ihren allgemeinen Charakter zu verdeutlichen. Hauptaufgabe der ASten ist es, die Forderungen der Mehrheit der Studenten, die sich aus ihren Arbeits- und Lebensbedingungen ableiten, einzuordnen in den Kampf der Organisationen der arbeitenden Bevölkerung für eine materielle Verbesserung der Lage der arbeitenden Bevölkerung.

Dazu ist es notwendig, daß z. B. studentische Sozialpolitik nicht in ständischer Interessenvertretung verkommt, sondern sich einordnet in den Zusammenhang von Forderungen, die von den Organisationen der arbeitenden Bevölkerung für den Sozial- und Bildungsbereich erhoben werden. Dabei muß aber immer im Auge behalten und verdeutlicht werden, daß die Kämpfe zwischen Arbeiterklasse und Kapitalisten insbesondere im Produktionssektor für grundlegende gesellschaftliche Veränderungen von entscheidender Bedeutung sind.

Nur so wird es möglich sein, die Mehrheit der Studenten für den demokratischen und sozialistischen Kampf an der Seite der arbeitenden Bevölkerung und ihrer Organisationen zu gewinnen. Dies geschieht durch Forderungen, die die gemeinsamen gegen das Monopolkapital gerichteten Interessen von arbeitender Bevölkerung und der Mehrheit der studierenden Intelligenz verdeutlichen und dadurch den Studenten die Einordnung ihres Kampfes in die gesamtgesellschaftliche Auseinandersetzung mit dem Monopolkapital möglich machen.

Die Erfahrungen der westdeutschen Studentenbewegung haben gezeigt, daß die zentralen Formierungsmaßnahmen des Großkapitals und des Staates den vds als nationale Organisation der Studentenschaften notwendig machen.

Aufgabe der fortschrittlichen Studentenorganisationen ist es, im Rahmen des vds als des nationalen Dachverbandes der Studentenschaften der BRD auf der Grundlage eines Aktionsprogrammes und konkreter Beschlüsse eine breite Aktionseinheit herzustellen, die Bündnisse mit fortschrittlichen Organisationen innerhalb und außerhalb der Hochschule ermöglicht.

Nur ein starker vds, in dem die von den verschiedenen politischen Organisationen der Studenten maßgeblich getragenen, von der Mehrheit der Studenten aktiv unterstützten Fachschaften und ASten im Sinne der o. a. Politik zusammenarbeiten, kann an der Seite der Organisationen der arbeitenden Bevölkerung einen wirksamen Beitrag im Kampf für eine Demokratisierung von Hochschule und Gesellschaft, für eine Wissenschaft im Dienste der arbeitenden Bevölkerung leisten. Um diesen Kampf zu führen, haben sich die Delegierten der a. o. MV des vds darauf geeinigt, die gemeinsamen Anstrengungen im Rahmen des vds auf folgenden Gebieten zu intensivieren:

Aktionsprogramm:
Kampf den reaktionären Hochschulgesetzen —
für eine demokratische Hochschule und Studienreform

1. Der Kampf gegen das Hochschulrahmengesetz als konzentriertester Ausdruck staatlicher Formierungspläne ist weiterhin Schwerpunkt der Aktivitäten des vds. Der vds wird seine Informations- und Aufklärungsarbeit unter den Studenten und allen Hochschulangehörigen, aber ebenso in der Öffentlichkeit verstärken. Zu gegebenem Zeitpunkt wird der vds — wie bereits am 1. 12. — Massenprotestaktionen vorbereiten. Ziel dieser Aktionen ist es, die Forderungen der Studenten nach Demokratisierung von Wissenschaft und Ausbildung und einer demokratischen Studienreform zum Ausdruck zu bringen und in enger Zusammenarbeit mit allen fortschrittlichen Organisationen der werktätigen Bevölkerung, den Gewerkschaften und den Arbeiterjugendorganisationen, sowie allen fortschrittlichen Schüler-, Jugend- und Studentenverbänden diesen Forderungen Nachdruck zu verleihen.

2. In nächster Zeit kommt der Novellierung bestehender bzw. dem Erlaß neuer Länderhochschulgesetze besondere Bedeutung zu. In einigen Ländern (z. B. Niedersachsen, Nordrhein-Westfalen) ist dieser Prozeß bereits in vollem Gange; die von CDU

und CSU regierten Länder (z. B. Baden-Württemberg, Bayern, Schleswig-Holstein) haben Gesetzesvorlagen angekündigt, die die Mitbestimmungsrechte der Studenten, Assistenten und nichtwissenschaftlichen Mitarbeiter weiter einschränken sollen. In dieser Situation gilt es, sowohl auf Landesebene den Kampf um die Erhaltung der errungenen Mitbestimmungspositionen zu organisieren als auch durch die Veränderung des Kräfteverhältnisses Schritte zur Erweiterung unserer demokratischen Positionen einzuleiten.

3. Längerfristig wird sich der Kampf gegen die Formierung von Wissenschaft und Ausbildung immer deutlicher auf die Reform der Ausbildungsinhalte, vor allem auch auf Fachbereichsebene, konzentrieren. Dabei fordert der vds eine fundierte wissenschaftliche Ausbildung für alle Studierenden; er wendet sich deshalb gegen Regelstudienzeit und Trennung in Kurz- und Langstudiengänge; er vertritt die Forderung nach einer Studienreform mit Lehrinhalten, die an den Interessen der arbeitenden Bevölkerung orientiert sind und wird seine Anstrengungen auf diesem Gebiet intensivieren. Bestandteil dieser Forderung ist auch die gleichberechtigte Mitbestimmung aller Hochschulangehörigen, die als Kampfposition gegen den herrschenden Einfluß des Großkapitals auf die Hochschulen und gegen die undemokratische Fachaufsicht sowie zur Aufdeckung der Widersprüche im kapitalistischen Ausbildungssektor genutzt werden muß.

— In diesem Zusammenhang wird der vds insbesondere den Kampf gegen das geplante zentrale Instrumentarium zur Studien- und Prüfungsreform führen, gegen den Einfluß der Unternehmerverbände und gegen die zentralisierte Verordnung von Zielen und Inhalten des Studiums unter Ausschaltung der Mitbestimmung der Betroffenen.
— Der vds wird zum Zweck der Erarbeitung demokratischer Alternativen verstärkt Fachkonferenzen aufbauen, in denen die Organe der studentischen Selbstverwaltung auf Fachbereichsebene sowie Basis- und Projektgruppen zusammenarbeiten. — Aufgabe der Fachkonferenzen sind vor allem die Kritik der bürgerlichen Wissenschaft und ihrer Verwertung, die Berufsperspektivenanalyse, Aufarbeitung und Kritik der von den zentralen Planungsinstanzen verordneten Studien-

reformkonzepte, Analyse der an den Hochschulen vorhandenen Reformansätze sowie die Erarbeitung demokratischer Alternativen zum herrschenden Ausbildungsbetrieb und die Koordinierung von konkreten Kampfmaßnahmen für die Verbesserung der materiellen Studienbedingungen, gegen die Formierung des Studiums und gegen disziplinierende Prüfungsordnungen. Die Einteilung der Fachkonferenzen darf nicht die herrschende Fachbereichseinteilung reproduzieren; sie muß vielmehr an wissenschaftstheoretischen sowie Kriterien der Berufsperspektive orientiert sein. Die Fachkonferenzen werden mit den entsprechenden Einrichtungen des SVI eng zusammenarbeiten.

— Zur Koordinierung der Ansätze zu einer demokratischen Studienreform wird der vds — in Zusammenarbeit mit GEW, BAK und fortschrittlichen Hochschullehrern — die Einrichtung von Studienreformkonferenzen forcieren und ihre und die Arbeit der Fachschaften durch die Herausgabe von Studienreformmaterialien unterstützen.

— Eine demokratische Studienreform setzt entsprechend qualifizierte Hochschullehrer voraus, die nach ihren didaktischen, methodischen und wissenschaftlichen Fähigkeiten in der Lage sind, solche Reformkonzepte mitzuerarbeiten und zu realisieren. Der vds wird daher alle Aktivitäten unterstützen, die dem Ziel dienen, die Berufung von fortschrittlichen Wissenschaftlern durchzusetzen. Der vds wird Dokumentationen über all diejenigen Fälle erstellen, in denen versucht wird, die Berufung fortschrittlicher Wissenschaftler zu verhindern.

4. Der vds tritt ein für eine umfassende wissenschaftliche Ausbildung für alle Studierenden, für die Einheitlichkeit der Zugangsvoraussetzungen sowie für vertikale und horizontale Durchlässigkeit der Studiengänge. Diese Forderungen, die auf mehr Chancengleichheit zielen, können allein durch die Integrierte Gesamthochschule verwirklicht werden. Der vds wird daher — in enger Zusammenarbeit mit den Fachhochschulstudenten und ihrem Dachverband, dem SVI — den Kampf für die IGH fortsetzen.

Der vds wird dabei insbesondere gegen jede Form der Durchlöcherung der IGH eintreten, sei es durch Wissenschafts-GmbH, Industriehochschulen, Stiftungshochschulen, Bundeswehrhochschulen usw. Hierzu sollen in der Reihe Hopomat umfassende Dokumentationen veröffentlicht werden, die die entsprechenden Aktivitäten an den Hochschulen vorbereiten bzw. unterstützen sollen.

5. In der Auseinandersetzung um die zentralisierte Planung der Hochschulen gewinnt zunehmend auch das Problem der Datenerhebung und der Einsatz der Daten im Planungsprozeß an Bedeutung.

— Im Rahmen seiner Forderung nach demokratischer Planung und Kontrolle kämpft der vds gegen den Mißbrauch der Datenerhebung zur politischen Disziplinierung und sozialen Auslage und fordert die Einrichtung von Datenschutzkommissionen an allen Hochschulen.
— Der vds wird jedem mißbräuchlichen Versuch der Datenerhebung mit geeigneten politischen Mitteln einschließlich der gezielten und organisierten Datenverweigerung entgegentreten.

6. Multinationale Verflechtung der Konzerne und weiter voranschreitende Kapitalkonzentration im internationalen Maßstab finden ihren Ausdruck an den Vorarbeiten zur Vereinheitlichung der Bildungspolitik im EWG-Bereich (vgl. das Gutachten der OECD-Kommission). Der vds wird daher in Zusammenarbeit mit den anderen nationalen Studentenverbänden in Europa und dem ISB ein Seminar zur westeuropäischen Bildungsplanung durchführen. Dieses Seminar soll gleichzeitig den Auftakt für eine engere Zusammenarbeit der Studentenverbände Westeuropas bilden.

7. Integraler Bestandteil des Kampfes gegen das HRG ist der Kampf um die Erhaltung der eigenständigen verfaßten Studentenschaft mit eigener Beitragshoheit und um ihre bundeseinheitliche gesetzliche Verankerung im HRG. Dieser Kampf schließt den Kampf um die Verteidigung des Rechtes zu politischen Stellungnahmen von Fachschaften, ASten und vds ein.

Immer wichtiger wird dabei der Kampf gegen die Versuche rechter Studentengruppen, insbesondere des RCDS, mit juristischen Mitteln den Mitgliedsstudentenschaften des vds das Recht zu politischen Stellungnahmen streitig zu machen, ihnen die Beitragszahlungen an den vds gerichtlich verbieten zu lassen und damit den vds in seiner Handlungsfähigkeit einzuschränken.

Im Zusammenhang damit soll eine Kampagne für die Wiederaufnahme der finanziellen Unterstützung des vds durch die Bundesregierung durchgeführt werden.

8. Zur Durchsetzung dieser Politik vertieft der vds seine Zusammenarbeit mit der BAK, mit fortschrittlichen Hochschullehrern, mit der GEW, der ÖTV und allen DGB-Gewerkschaften. Er unterstützt regionale und lokale Initiativen der Zusammenarbeit und führt im Bündnis mit diesen Organisationen den gemeinsamen Kampf.

Kampf den undemokratischen und verfassungswidrigen Berufsverboten — für freie politische und gewerkschaftliche Betätigung in Ausbildung und Beruf!

Der Beschluß der Ministerpräsidentenkonferenz vom 28. 1. 1972 und der Versuch, die fortschrittliche Studentenbewegung durch Ordnungsrecht und HRG zu disziplinieren, setzen den von der Reaktion betriebenen Prozeß des Abbaus demokratischer Rechte der werktätigen Bevölkerung und der Studenten weiter fort.

— Der vds tritt für die Einheit aller Kräfte innerhalb und außerhalb der Hochschule gegen den Abbau demokratischer Rechte ein.
— Der vds und die in ihm zusammengeschlossenen Studentenschaften kämpfen für die Einstellung bzw. für die Wiedereinstellung der durch die Beschlüsse der Ministerpräsidenten Betroffenen und schließen dazu breite lokale, regionale und überregionale Bündnisse, bilden Aktionskomitees usw. Sie sind die Grundlage dafür, die Praktizierung des Beschlusses zu verhindern und schließlich seine Aufhebung zu erzwingen.
— Der vds richtet zu den Berufsverboten eine zentrale Dokumentationsstelle ein, die alle vorkommenden Fälle erfaßt

und deren Material den gegen die Berufsverbote kämpfenden Organisationen und Aktionskomitees zur Verfügung steht. — Er bereitet eine Dokumentation zu diesem Thema vor und informiert regelmäßig über den aktuellen Stand der Auseinandersetzung.

Der vds verbindet seinen Kampf gegen die Berufsverbote mit dem Kampf gegen die politische Disziplinierung, gegen Maulkorbparagraph und Ordnungsrecht im HRG.

Kampf für die materielle und soziale Sicherstellung der Ausbildung — Kampf dem sozialen Numerus clausus!

1. Im Rahmen der Forderung nach wissenschaftlicher Qualifikation und Demokratisierung der Ausbildung fordert der vds ein demokratisches, einheitliches Ausbildungsförderungssystem mit ausreichender materieller Ausstattung, das die Voraussetzung dafür bietet, daß verstärkt den Kindern aus der Arbeiterklasse der Zugang zur Hochschule ermöglicht wird.

— der vds fordert ein einheitliches Ausbildungsförderungssystem für alle Phasen der Aus- und Weiterbildung für Schüler und Studenten.

— Der vds fordert ein Ausbildungsförderungssystem, das frei ist von allen zusätzlichen und diskriminierenden Leistungsnachweisen und Reglementierungen!

— Der vds tritt entschieden gegen die politische Disziplinierung durch die Antistreikparagraphen 20 II BAFöG u. 7 II GradFöG ein und fordert die ersatzlose Streichung dieser Vorschriften.

— Der vds fordert die Beibehaltung der Förderung bei den Studentenwerken und die Verankerung mit Mitbestimmung der Betroffenen in den Förderungsausschüssen und dem Beirat für Ausbildungsförderung auf Bundesebene.

Der VDS-Vorstand wird unter diesen Gesichtspunkten im Sommersemester eine Kampagne zur Novellierung des Bundesausbildungsförderungsgesetzes führen. Dazu soll der VDS-Zentralrat nach Vorlage des Projektbereichs Soziales einen Forderungskatalog diskutieren und verabschieden. Dabei sind vor allem die kurzfristigen Forderungen nach Anhebung der Bedarfssätze und der Freibeträge zu stellen, und eine jährliche Anpassung der Bedarfssätze an die Preisentwicklung sowie der Freibeträge an die Lohnentwicklung durchzusetzen.

2. Im Rahmen der Forderungen nach ausreichender materieller Absicherung des Studiums fordert der vds sofort eine bundeseinheitliche, gesetzliche Regelung der studentischen Krankenversicherung, die vor allem folgende Voraussetzungen erfüllen muß

— sozial-tragbare Beitragssätze (nicht mehr als 3 Prozent des BAFöG) bei bundeseinheitlichen Leistungen der gesetzlichen Kassen nach den Vorschriften der Reichsversicherungsordnung.

— Pflichtversicherung bei gleichzeitiger Befreiungsmöglichkeit zu den gesetzlichen Kassen und im Rahmen der Familienhilfe.

3. Der vds wird weiterhin den Kampf gegen die Wohnungsmisere unter dem Gesichtspunkt führen, den Kampf für ausreichenden Wohnraum und sozial tragbaren Mieten einzuordnen in den Kampf der Arbeiterklasse für Mietstop und Aufhebung der Weißen Kreise, Kommunalisierung von Grund und Boden und gegen die Vernichtung von Wohnraum in städtischen Sanierungsgebieten.

Der vds stellt sich hinter die Forderung des DGB und lehnt Mieten, die mehr als 20 Prozent des BAFöG-Satzes betragen, ab.

— Im Kampf gegen den sozialen Numerus clausus im Wohnbereich fordert der vds kurzfristig die Intensivierung der Bauprogramme an den Hochschulstädten.

— Langfristig fordert der vds die Einbeziehung des studentischen Wohnungsbaus in den erweiterten sozialen Wohnungsbau.

Der vds-Vorstand wird beauftragt, in Zusammenarbeit mit den DGB-Gewerkschaften weitgehende sozialpolitische Forderungen zu erarbeiten. Die Reihe der sozialpolitischen Materialien wird weitergeführt.

Kampf dem Militarismus und Revanchismus — für Frieden und Abrüstung!

Die Studenten haben ebenso wie die arbeitende Bevölkerung ein elementares Interesse an Frieden und Entspannung.

— Der vds wird den Kampf für die Ratifizierung der Verträge von Moskau u. Warschau und ihre konsequente Verwirklichung verstärkt unterstützen.

— Der vds setzt sich ein für die Durchführung einer Konferenz über Sicherheit und Zusammenarbeit in Europa und unterstützt deshalb das Jugend- und Studententreffen in Helsinki und den Kongreß der europäischen Völker in Brüssel zu Fragen der europäischen Sicherheit.

— Der vds tritt ein für die völkerrechtliche Anerkennung der DDR und die Aufnahme der BRD und der DDR in die UNO und ihre Unterorganisationen.

— Der vds wird seinen Kampf für eine drastische Senkung der Rüstungsausgaben zugunsten der Sozial- und Bildungsausgaben weiter intensivieren.

— Der vds unterstützt alle Aktionen gegen die Rechtskräfte und ihre friedensfeindlichen Aktivitäten, vor allem gegen die Ratifizierung der Verträge von Moskau und Warschau.

— Der vds wird konsequent gegen die Einrichtung von Bundeswehrhochschulen nach dem Ellwein-Plan vorgehen und auch alle Versuche zur Einrichtung von Sonderstudiengängen für Offiziere bekämpfen.

— Dazu gehört auch der Kampf gegen die Wehrkunde-Erlasse in fast allen Bundesländern, die verstärkt Schulen und Schüler mit militaristischer Propaganda durchdringen sollen und die vor allem auch die Lehrer zwingen sollen, selbst aktiv militaristische Propaganda zu vertreten.

— Um diese Arbeit leisten zu können, intensiviert der vds seine analytische, seine Publikationstätigkeit und seine Veröffentlichungstätigkeit. Insbesondere sollen auch die Versuche zur Verschärfung der Gesetze über Verfassungsschutz, Bundesgrenzschutz, Ausländerrecht und zum Abbau des Rechts auf Kriegsdienstverweigerung analysiert und bekämpft werden.

Kampf gegen Imperialismus und Kolonialismus — für die Freiheit und Unabhängigkeit der Völker!

In vielen Ländern der Erde gehören die Studenten zu den aktivsten Gegnern von Gewaltherrschaft, Unterdrückung u. Ausbeutung der Massen. Sie kämpfen an der Seite ihrer Völker gegen Kolonialherrschaft und imperialistische Aggression, für Freiheit und nationale Unabhängigkeit.

Der vds erklärte seine Solidarität mit den für ihre Unabhängigkeit kämpfenden Völkern und insbesondere den Studenten und unterstützt ihren Kampf durch konkrete Aktionen in der BRD. Dies schließt insbesondere auch den gemeinsamen Kampf von deutschen und ausländischen Studenten gegen die Übergriffe der faschistischen Geheimdienste, gegen politische und soziale Disziplinierung und gegen die Diskriminierung von Ausländern in der BRD ein.

— Der vds unterstützt insbesondere die weltweite Bewegung für die sofortige Beendigung der US-Aggression in Indochina auf der Grundlage des Sieben-Punkte-Programms der Provisorischen Revolutionären Regierung Südvietnams. Der vds arbeitet in der Initiative Internationale Vietnam-Solidarität an der Durchsetzung des Aktionsplanes der Weltversammlung in Paris mit und verstärkt die materiellen Hilfsaktionen. Insbesondere arbeitet er zusammen mit dem „Komitee zur Wahrnehmung der Rechte der Vietnamesen" in der BRD.

— Der vds setzt seine enge Zusammenarbeit mit dem ISB fort, mit dem Ziel der weiteren Stärkung der internationalen antiimperialistischen Studentenbewegung. Mit Unterstützung des ISB führt er ein Seminar über Bildungspolitik in Westeuropa, speziell im EWG- und OECD-Rahmen durch.

— Der vds trägt gemeinsam mit anderen demokratischen Jugendorganisationen zur Vorbereitung der Weltjungendfestspiele 1973 in Berlin (DDR) bei.

— Gemeinsam mit den ausländischen Studenten führt der vds den Kampf gegen die geplante Verschärfung des Ausländerrechts und die Diskriminierung und Verfolgung ausländischer Studentenverbände und Organisationen in der BRD auf der Basis des gemeinsamen Kampfes zur Verbesserung der Studienbedingungen (Studienkolleg) und der sozialen Bedingungen der ausländischen Studenten.

— Der vds setzt die Veröffentlichungen in der Reihe Intermat fort.

14. Erklärung des Zentralbüros der Kommunistischen Partei Deutschlands / Marxisten — Leninisten (KPD/ML) und der Bundesleitung des Kommunistischen Jugendverbandes Deutschlands (KJVD) vom 3. September 1972

Vorwärts im Geiste des Roten Antikriegstages

Arbeiter, Werktätige,

KPD/ML, KJVD, die Gruppe ROTER MORGEN und andere marxistisch-leninistische und fortschrittliche Organisationen hatten am Wochenende zum Roten Antikriegstag zu Demonstrationen in den Olympiastädten München und Kiel aufgerufen. Tausende von Arbeitern und werktätigen Jugendlichen sind diesem Aufruf gefolgt. In machtvollen Demonstrationen haben sie die Verbote des Bonner Staates durchbrochen und gegen die Bonner Notstands- und Aufrüstungspolitik gekämpft.

Die Bonner Herren antworteten mit neuen Unterdrückungsmaßnahmen, die sich gegen alle Arbeiter und Werktätigen richten. Zum ersten Mal wurde in Westdeutschland konzentriert Bundesgrenzschutz und alle Länderpolizeien gegen eine Massendemonstration eingesetzt, unter direktem Oberbefehl von Genscher, SPD-Vogel und SPD-Polizeipräsident Schreiber wurde die Vorbeugehaft praktiziert. Mit einer unglaublichen Hetze in Presse, Funk und Fernsehen wollen Genscher und CSU-Polizeipräsident Merck den antimilitaristischen Kampf der Jugend unterdrücken und das Verbot der KPD/ML und aller Marxisten-Leninisten vorbereiten.

Arbeiter, Werktätige,

Glaubt den Bonner Notstandspolitikern kein Wort! Hier sind die Tatsachen: Seit Monaten haben KPD/ML und KJVD den Roten Antikriegstag vorbereitet: In Betrieben, Schulen und Kasernen wurden die Pläne der Bonner Kriegstreiber enthüllt und für die Demonstrationen mobilisiert. Die Bonner Herren haben in der Zeit München in ein Heerlager ihrer Notstandstruppen verwandelt. Im Juni wurden die neuen Notstandsgesetze und das „Gesetz zum Schutz des Olympischen Friedens" von Brandt, Genscher und Strauss durchgepeitscht. 25.000 Soldaten, 10.000 Polizisten und Bundesgrenzschutz-Truppen wurden nach München verlegt. Durch willkürliche Verhaftungen in München und bei einer antifaschistischen Kundgebung in Dachau sollten wir eingeschüchtert werden. Die Abschlußkundgebung am Samstag in der Innenstandt wurde verboten. Tausende Polizisten, hunderte von Polizeispitzeln und Provokateuren, die unter dem Jacket Maschinenpistolen trugen, wurden eingesetzt. Am Rand der Innenstadt fuhren 5 Panzer auf.

Dieser Rote Antikriegstag versetzte die Bonner Herren in Schrecken: Genscher selbst eilte nach München: unter seinem Oberbefehl wurden am Sonntagmorgen eine legal angemeldete Demonstration der Gruppe ROTER MORGEN, der KPD/ML und des KJVD für die Freilassung der am Samstag verhafteten Genossen durch Bundesgrenzschutz und Polizei eingekesselt und aufgelöst, Demonstranten willkürlich verhaftet.

Dieser nackte, offene Einsatz der Staatsgewalt, diese offene Liquidierung des Rechtes auf Demonstrationsfreiheit zeigen die ganze Schwäche des Bonner Staates und seiner SPD-Regierung. Der Rote Antikriegstag hat ihr wahres Gesicht gezeigt: Kriegstreiber gegen die Völker Europas und Notstandsstrategen gegen das eigene Volk.

Gegen diese Gewalt des Bonner Staates und seine Notstandstruppen hat die Arbeiterklasse und die werktätige Jugend von München die revolutionäre Gewalt der Unterdrückten und Ausgebeuteten entfaltet. Dies war vollkommen notwendig und gerechtfertigt: Die Unterdrückung des antimilitaristischen Kampfes muß durchbrochen, der Bonner Kriegstreiber- und Notstandsstaat gestürzt werden. Die Demonstrationen in München und Kiel waren ein erster Schritt dazu — und darum schreien jetzt Genscher und Merck. Sie machen Gesetze um einen „taktischen Plan" — denn es versetzt ihnen einen großen Schrecken, daß die Kommunisten den Bonner Staat nicht hektisch, sondern mit kühlem Kopf und klarem Plan entgegentreten.

Darum Roter Antikriegstag:

Der Rote Antikriegstag hat den Bonner Staat an seiner schwächsten Stelle getroffen: systematisch haben Presse und Fernsehen den Inhalt unserer Demonstration verschwiegen: „Jugend gegen Aufrüstung und imperialistischen Krieg" — das war unsere Losung. Unter ihr kämpften wir gegen die Massenmilitarisierung im Bonner Staat, die Wiedereinführung der allgemeinen Dienstpflicht, die Erhöhung der Rekrutenzahlen für die Bonner Revanchearmee, die Liquidierung des Rechtes auf Kriegsdienstverweigerung. Diese Maßnahmen sind eindeutige Kriegsvorbereitungen. Die Tatsachen sind klar: die Bundeswehr ist schon heute größer als Hitlers Naziarmee vor dem Angriff auf die Sowjetunion. Der Rüstungshaushalt verschlingt über 30 Milliarden DM. Zur Füllung der Bonner Kriegskassen werden die Steuern für die Werktätigen erhöht. Gleichzeitig wollen die SPD-Führer mit ihrer „neuen" Ostpolitik die Bedingungen schaffen für einen Blitzkrieg gegen die DDR. Dafür werden im September die NATO-Manöver durchgeführt. Dafür soll Ende Oktober die Mobilmachungsübung durchgeführt werden. Das ist das wahre Gesicht des Bonner Staates! Die SPD-Regierung wollte dies mit dem Betrugsschleier der „heiteren Spiele" verdecken. Aber der Rote Antikriegstag hat den Notstandsplanern und Kriegstreibern die Maske vom Gesicht gerissen.

Die Kommunisten hatten gegen Genscher, Schmidt und Brandt die Einheitsfront organisiert: aus einzelnen Orten waren Freunde aus den Reihen der JUSOS, der Falken, des VK (Kriegsdienstverweigerer), der SDAJ dabei. Türkische Genossen stärkten die Kampffront gegen den aggressiven NATO-Pakt. Die Kommunisten organisieren die Einheitsfront, weil sie die entschlossensten Vorkämpfer des Sozialismus und Friedens sind, weil nur der Sturz des Bonner Staates die Wurzeln des Militarismus ausrottet. *Jetzt erst recht!*

Arbeiter, Werktätige!

Die Notstandstruppen des Bonner Staates konnten in München und Kiel die Tausende Arbeiter und revolutionären Jugendlichen, die von ihrem Kampfstab, der KPD/ML, dem

KJVD und anderen marxistisch-leninistischen Organisationen nicht von ihrem berechtigten Kampf abhalten. Die Kampffront des Roten Antikriegstages muß jetzt entschlossen gefestigt und verbreitert werden! Es ist ja die Front der Millionen der westdeutschen Arbeiter und Werktätigen, es ist *Eure* Front, die Ihr gegen Notstand, Aufrüstung und Revanchekrieg seid!

Die gegen Eure Forderungen nach Frieden, Sozialismus und wirklicher Demokratie aufgerichteten Bannmeilen konnten durchbrochen werden; für Eure Forderungen sind in München Kommunisten und Demokraten verwundet und in Gefängnisse geworfen worden. Darum erteilt Ihr jetzt in Betrieb, Schule und Armee der SPD-Regierung die richtige Antwort! Fordert mit uns:

Freiheit für die politsichen Gefangenen!

Freiheit für die KPD/ML den KJVD — Weg mit dem KPD-Verbot!

Nieder mit dem Bonner Notstands- und Kriegstreiberstaat!
Für Sozialismus und Frieden!

Unter diesen Forderungen müssen wir uns jetzt auf die Neuwahlen vorbereiten! Sie müssen zum Tribunal gegen die Bonner Kapitalsparteien werden. Kein Verbot wird uns hindern!

Arbeiter, Werktätige!

Übt praktische Solidarität! Lest die ROTE FAHNE mit Beilage zum Roten Antikriegstag! Faßt Resolutionen gegen die Münchener Notstandsaktion der Genscher und Co! Spendet für die Inhaftierten!

Schließt Euch den Organisationen der KPD/ML, und des KJVD an! Jetzt erst recht! Die Millionen Arbeiter und Werktätigen werden mit Sicherheit über die Handvoll Ausbeuter und Unterdrücker und ihren Staat den Sieg erringen!

Vorwärts im Geiste des Roten Antikriegstages 1972!

15. Grundsatzerklärung des Sozialdemokratischen Hochschulbundes (SHB) vom 3.—5. November 1972

Der SHB kämpft für eine Gesellschaftsordnung, in der das kapitalistische Profitprinzip abgeschafft ist und der arbeitende Mensch im Mittelpunkt der gesellschaftlichen Planung und Entwicklung steht, für eine Gesellschaftsordnung also, die auf der Grundlage der Ausübung der Staatsmacht durch die Arbeiterklasse und ihre Organisationen die Demokratisierung aller Lebensbereiche für die arbeitende Bevölkerung bedeutet: für den Sozialismus.

Unter den Bedingungen des heutigen Monopolkapitalismus und seiner Tendenz zur Reaktion in allen gesellschaftlichen Bereichen kämpft der SHB an der Seite der Arbeiterklasse für demokratische Reformen im ökonomischen, sozialen und politischen Bereich, um so die Einflußmöglichkeit der Arbeiterklasse gegen die Macht- und Herrschaftspläne des Großkapitals zu erhöhen und die Bedingungen zur Erkämpfung des Sozialismus zu verbessern.

In diesem Rahmen ist es für den SHB notwendig, in der Verbindung von gewerkschaftlich orientierter Massenpolitik an der Hochschule und als Bestandteil der fortschrittlichen Sozialdemokratie im Kampf um eine demokratische Wissenschafts- und Bildungspolitik einen Beitrag zum demokratischen und sozialistischen Kampf der Arbeiterbewegung zu leisten.

Der SHB als politischer Studentenverband hat zum Ziel, die Studenten für den demokratischen und sozialistischen Kampf zu gewinnen. Deshalb leistet der SHB einen Beitrag dazu, die Studenten in der politischen Praxis ihre reale Lage und ihr historisches Interesse an der Überwindung des staatsmonopolistischen Systems erkennen zu lassen.

Der SHB vertritt in den Organen der verfaßten Studentenschaft die Politik der gewerkschaftlichen Orientierung: Er führt den Kampf um die Demokratisierung der Hochschule und um die Durchsetzung der materiellen und politischen Interessen der Studenten, wozu auch die politische und soziale Gleichberechtigung der ausländischen Kommilitonen gehört. Durch diese Politik fördert der SHB bei der Masse der Studenten die Einsicht in die Notwendigkeit des organisierten solidarischen Handelns.

Die Demokratisierung des Bildungswesens ist die vorrangige Aufgabe im demokratischen Kampf des SHB an der Hochschule.

Ein demokratisches Bildungswesen beinhaltet für den SHB eine wissenschaftliche Ausbildung mit höchstmöglicher Qualifikation für den späteren Beruf und die Ausrichtung der Lehrinhalte an den sozialen und politischen Interessen der arbeitenden Bevölkerung. Die Ausbildung muß den Lernenden befähigen, die gesellschaftlichen Zusammenhänge zu erkennen, um ihm selbständiges politisches Denken und Handeln zu ermöglichen. Das erfordert die Einbeziehung des wissenschaftlichen Sozialismus in Forschung und Lehre, vertreten durch marxistische Wissenschaftler an der Hochschule.

Als institutionelle und strukturelle Konsequenz fordert der SHB die Integrierte Gesamthochschule, in der die Mitbestimmung von Lernenden und Lehrenden sowie der Gewerkschaften gesichert ist. Der notwendig umfassende Ausbau des Bildungswesens wie auch die Realisierung eines Gleichheit der Bildungschancen für Arbeiterkinder anstrebenden Ausbildungsförderungssystems für alle Auszubildenden darf finanziell nicht auf die arbeitende Bevölkerung abgewälzt werden, sondern muß durch Herabsetzung des Rüstungshaushalts und Erhöhung der Besteuerung der Konzernprofite erfolgen.

Der SHB trägt im demokratischen Kampf an der Hochschule mit zu der Einsicht bei, daß die fortschrittlichen Forderungen der lernenden Jugend gegen die Monopolbourgeoisie nur an der Seite der Arbeiterklasse durchgesetzt werden können.

Der SHB ist eine sozialdemokratische Studentenorganisation, die auf der Grundlage des wissenschaftlichen Sozialismus um die sozialistische Umgestaltung der BRD kämpft. Hierbei leistet die marxistische Theorie und Praxis der Politik des Verbandes einen Beitrag für die Erreichung des Zieles, dem Sieg der Arbeiterklasse und der mit ihr verbündeten gesellschaftlichen Schichten über die Klasse des Monopolkapitals.

Der SHB geht davon aus, daß der Sozialdemokratie in den gegenwärtigen und zukünftigen Klassenauseinandersetzungen eine entscheidende Rolle zukommt, weil ein bedeutender Teil der Arbeiterklasse auf die Sozialdemokratie orientiert und in der SPD organisiert ist. Der SHB hat jedoch andere Auffassungen als der rechte Flügel der SPD, dessen Strategie theoretisch wie praktisch die kapitalistische Ordnung zu stabilisieren versucht und auf die Integration der Arbeiterklasse und der fortschrittlichen Intelligenz in das herrschende imperialistische System ausgerichtet ist.

Deshalb sieht der SHB es als eine wichtige Aufgabe an, die klassenbewußten Kräfte in der SPD zu stärken. So arbeiten die in der SPD organisierten SHB-Mitglieder gemeinsam mit anderen fortschrittlichen Kräften aktiv bei den Jungsozialisten und in der SPD mit, um der marxistischen Theorie und Praxis innerhalb der SPD größeren Einfluß zu verschaffen.

Um wirkungsvoller demokratische Ziele und Vorstellungen durchsetzen zu können, arbeitet der SHB an den Hochschulen und im gesamtgesellschaftlichen Rahmen mit anderen politischen und gewerkschaftlichen Organisationen zusammen.

Ausgangspunkt dieser Zusammenarbeit ist die objektive Interessenlage der Studenten und die Notwendigkeit der Durchsetzung dieser Interessen gegen den gemeinsamen Klassengegner, die Vertreter des Monopolkapitals. Der SHB arbeitet im Kampf für die Demokratisierung des Bildungswesens mit all jenen Organisationen zusammen, mit denen in bestimmten Fragen gemeinsame Interessen und Auffassungen bestehen.

Besondere Bedeutung kommt im antiimperialistischen Kampf der Zusammenarbeit mit der Arbeiterjugend zu, denn der Kampf gegen die Ausbildungsmisere in Hochschule und Betrieb hat die gleichen Ursachen, ebenso wie im Kampf gegen Militarisierung und gegen den Abbau demokratischer Rechte, die arbeitende und lernende Jugend dem gleichen gemeinsamen Gegner gegenüberstehen.

Auf Grund der Erfahrungen aus der Spaltung der Arbeiterbewegung und unter der Terrorherrschaft des Hitlerfaschismus sieht der SHB die Notwendigkeit der Zusammenarbeit mit den verschiedenen Strömungen der Arbeiterbewegung, namentlich von Sozialisten und Kommunisten.

Nur wenn der SHB in theoretischer und praktischer Hinsicht an den Hochschulen und innerhalb der sozialdemokratischen Bewegung eine eigenständige Position vertritt, kann er einen relevanten Beitrag in die gemeinsame Arbeit der fortschrittlichen Kräfte einbringen. Die Bündnispolitik des SHB soll einen Beitrag zur Durchsetzung demokratischer Reformen, zur Veränderung des gesellschaftlichen Kräfteverhältnisses, zur Zurückdrängung der Reaktion und zur Erreichung grundlegender Veränderungen im ökonomischen, sozialen und politischen Leben der BRD leisten, um die Voraussetzungen zum Aufbau des Sozialismus zu schaffen.

Auf der internationalen Ebene des Klassenkampfes unterstützt der SHB den Kampf der nationalen Befreiungsbewegungen in den unterentwickelt gehaltenen Ländern gegen Imperialismus und Kolonialismus.

Vorwärts mit dem SHB!

16. Programm des Bundes Sozialistischer Arbeiter vom 6. Mai 1973

Um die reaktionären Pläne von Lohnsenkung und Massenarbeitslosigkeit — mit der die Kapitalisten ihre sinkenden Profitraten retten wollen — zurückzuschlagen, hat am 19. November 1972 die Arbeiterklasse der SPD zur stärksten Fraktion im Parlament verholfen — zum ersten Mal in der Geschichte.

Angetrieben durch die mehrmalige DM-Aufwertung, den Handelskrieg zwischen der EWG und den USA und den Bankrott des internationalen Währungssystems haben die Kapitalisten von Anfang an Druck auf die sozialistisch geführte Regierung ausgeübt.

Besonders die Unternehmerpartei FDP wird von den Kapitalisten als Instrument eingesetzt, eine arbeiterfeindliche Politik der Regierung durchzusetzen, durch die ständige Androhung, die sozial-liberale Koalition zu beenden. Die Folge davon sind Gesetze zur „Inneren Sicherheit", die sich gegen die Arbeiterklasse richten.

In seiner Regierungserklärung warnte Willy Brandt die Arbeiter vor Lohnforderungen, die zugunsten von „Gemeinschaftsaufgaben zurückgestellt werden" sollten. Das Ergebnis waren effektive Lohnsenkung durch Inflation und Gefängnisandrohung für streikende Arbeiter.

Die bisherigen Methoden der Sozialdemokratie und der Gewerkschaftsführung, der Klassenkompromiß, die reformistische Zusammenarbeit mit den Unternehmern, muß einer kompromißlosen Politik im Interesse der Arbeiterklasse weichen. Die arbeiterfeindliche SPD-Führung muß ersetzt werden durch eine sozialistische Führung der Arbeiterklasse.

Folgendes *Sozialistische Programm* muß die Arbeiterklasse in den Gewerkschaften durchsetzen und von der Sozialdemokratie fordern:

Verteidigung der Nachkriegserrungenschaften

Volle Durchsetzung der Lohnforderungen unter Einsatz der Stärke der Arbeiterklasse und keine faulen Kompromisse und Zersplitterung der Streiks

Keine Steuererhöhungen zu Lasten der Arbeiterklasse, sondern Besteuerung der Kapitalisten

Voller Lohnausgleich bei Kurzarbeit

Die Krise des kapitalistischen Systems darf nicht zu Lohnsenkungen und der Senkung des erreichten Lebensstandards führen!

Das Recht auf Arbeit

Die *Vollbeschäftigung* ist eine dringende Notwendigkeit für die Existenz der Arbeiterklasse. Arbeitslosigkeit spaltet die Arbeiterklasse und schwächt sie.

Wir sind nicht gegen die Einführung neuer Technologien und die Abschaffung unnötiger Arbeiten. Das darf sich aber nicht gegen die Arbeiter richten, sondern die Arbeitsplätze müssen garantiert werden.

Jedes Lohnabkommen, das mit einem Produktivitätszuwachs verbunden ist, heißt Verlust der Arbeitsplätze.

Wir fordern:

Keine Entlassungen

Keine Verschlechterung der Arbeitsbedingungen

Volle Unterstützung jeder Gruppe der Arbeiterklasse, die sich in Lohnkämpfen befindet.

Gleicher Lohn bei gleicher Arbeit für Jugendliche, für Frauen und für Ausländer

Keine Diskriminierung ausländischer Arbeiter

Jeder Arbeiter hat das Recht zu leben und zu arbeiten in dem Land seiner Wahl.

Firmen, die behaupten, diese Bedingungen den Arbeitern nicht garantieren zu können, müssen sofort entschädigungslos enteignet werden und unter Arbeiterkontrolle gestellt werden.

Maßnahmen gegen die Inflation

Der Preisanstieg frißt die Löhne. Die Politik der Banken mit ihrer Spekulation und ihrem Profitstreben verschärft die Inflation. Wir wenden uns gegen jede Form von Lohn- und Preisstops sowie gegen die Anwendung des Stabilitätsgesetzes und anderer Stabilitätsmaßnahmen, weil dies staatliche Instrumente der Kapitalisten zur Lohnsenkung sind.

In den Tarifverträgen müssen Gleitklauseln enthalten sein, die eine automatische Lohnerhöhung entsprechend den Preissteigerungen beinhalten.

Die Banken müssen entschädigungslos enteignet und unter Arbeiterkontrolle gestellt werden

Weg mit dem Stabilitätsgesetz

Verteidigung der politischen Rechte der Arbeiterklasse

Der Lebensstandard der Arbeiterklasse basiert auf dem Streikrecht und der freien politischen Organisierung. Mit Gerichtsurteilen und Aussperrungen auf der Grundlage des Tarifvertragsgesetzes und des Betriebsverfassungsgesetzes wird das Streikrecht von den Kapitalisten angegriffen.

Auf Drängen der Kapitalisten und ihrer politischen Parteien hat die SPD arbeiterfeindlichen politischen Gesetzen zugestimmt und solche Gesetze auch mit der Kleinen Koalition verabschiedet. Diese sind eine Einschränkung des Rechts der Arbeiterklasse, sich frei die politische Organisation und Partei zu wähleln, die ihre Interessen vertritt und sind Gesetze zur Vorbereitung des Bürgerkriegs durch die Bourgeoisie.

Wir fordern daher:

Weg mit dem Tarifvertragsgesetz und dem Betriebverfassungsgesetz

Weg mit dem KPD-Verbot

Weg mit den Notstandsgesetzen, den Maßnahmen Genschers zur „Inneren Sicherheit“ mit Bundesgrenzschutzgesetz als Bundespolizei für den Bürgerkrieg

Weg mit dem Ausländergesetz und dem Abhörgesetz gegen ausländische Arbeiter

Auflösung des bewaffneten Werkschutzes oder der Werkspolizei

Das Recht auf höheren Lebensstandard, Sozialleistungen und Wohnung

Die Preise für die öffentlichen Verkehrsmittel, die Mieten, die Preise für alle Ausgaben steigen, um das privilegierte Leben einer erwählten kleinen Minderheit zu finanzieren. Im Kampf für einen größeren Anteil am Reichtum der Gesellschaft baute die Arbeiterklasse die Gewerkschaft auf.

Der *Lebensstandard* der Arbeiterklasse kann erhöht werden und mit ihm der Lebensstandard von benachteiligten Schichten, der Jugend und der Rentner, der Kranken und sozial Benachteiligten. Die Renten müssen sofort um 50 % steigen und mit der Steigerung der Lebenshaltungskosten laufend erhöht werden.

Die Gelder der *Arbeitslosenversicherung*, die für Investitionen der Unternehmer durch die SPD-geführte Kleine Koalition veruntreut wurden, müssen von den Arbeitern kontrolliert werden. Dem Versuch der Kapitalisten und ihrer politischen Vertreter, die Arbeitslosenversicherung gegen Streiks einzusetzen, indem Ausgesperrten und Arbeitern, die in Zulieferindustrien durch den Streik anderer Arbeiter vorübergehend arbeitslos wurden, Arbeitslosengeld verweigert wurde, muß mit der Kontrolle der Gewerkschaften und Arbeiterräten über die Arbeitslosenversicherung entgegengetreten werden.

Erziehung und *Krankenversorgung* müssen kostenlos sein und entwickelt werden. Gleiche Behandlung für alle.

Die Arbeiterklasse hat ein Recht auf gute *Wohnungen* zu erschwinglichen Preisen. Dies ist eine existenzielle Notwendigkeit. Hausfrauen und Arbeiter müssen Miet- und Preiskomitees bilden. Der Wohnungsbau muß staatlich organisiert werden.

Die *Versicherungen* müssen staatlich organisiert werden und ihre Leistungen wirkliche Sicherheit bieten und nicht auf Profitbasis arbeiten.

Arbeiterkontrolle

Die enteigneten Betriebe müssen von den Arbeitern kontrolliert werden und jede Entschädigung oder Verpflichtung gegen die Exbesitzer ist sofort hinfällig. Nicht das Profitstreben einer Minderheit, sondern die Bedürfnisse der Arbeiterklasse müssen in einer so geplanten Wirtschaft befriedigt werden.

Enteignung

Die Banken, Wohnungsbaugesellschaften, Finanz- und Versicherungsgesellschaften, der Boden, die großen Monopole und Firmen aller Art müssen entschädigungslos enteignet und unter Arbeiterkontrolle gestellt werden.

Die „Mitbestimmung" ist die Verfälschung der Forderung nach Arbeiterkontrolle. Sie will die Arbeiterklasse verantwortlich machen für das Wohl und Wehe kapitalistischer Profitwirtschaft und wird heute von den Kapitalisten dazu benutzt, die Tarifautonomie der Gewerkschaften anzugreifen. Die Mitbestimmung ändert nicht die Eigentumsverhältnisse.

Handel

Gleichzeitig muß eine staatliche Kontrolle über den Import und Export eingerichtet werden. Das Einführen luxuriöser Importe für die Reichen wird beendet. Mit den Arbeiterstaaten, DDR, UdSSR, China und anderen ökonomisch entwickelten Ländern muß verstärkt Handel betrieben werden. Der Handel mit den Arbeiterstaaten wird das Diktat des kapitalistischen Weltmarkts durchbrechen und eine Isolation durch die Imperialisten verhindern.

Dies hat nichts mit der „Ostpolitik" und dem daraus resultierenden „Osthandel" der Kapitalisten zu tun, die das Eindringen des kapitalistischen Markts in die Arbeiterstaaten zum Ziel haben.

Investitionen

Die ausländischen Investitionen der Banken und Monopole sowie der Reichtum von Individuen im Ausland muß sofort unter staatliche Aufsicht und Kontrolle gebracht werden.

Schulden

Die Schulden der Entwicklungsländer werden erlassen. Sie sind ein Produkt kapitalistischer Ausbeutung und Profitgier, die kolonialen und halbkolonialen Länder auszupressen.

Die Schulden der Bauern und Kleinhändler, die durch den Kapitalismus in Verschuldung getrieben wurden, werden sofort erlassen.

NATO und UNO

Das Nordatlantische Verteidigungsbündnis ist ein militärisches Bedürfnis zur Verteidigung der imperialistischen Herrschaft auf der ganzen Welt. Die UNO ist ebenso eine internationale Vereinigung des Imperialismus, weltweit die Klassenkonflikte im Interesse der bestehenden Herrschaftsverhältnisse, der Aufrechterhaltung des Imperialismus, zu lösen. Dazu gibt es die Heuchelei der UNO-Vollversammlung und UNO-Truppen, die vom Imperialismus beherrscht sind. Aus diesen konterrevolutionären Vereinigungen muß sofort ausgetreten werden.

Europäische Gemeinschaft

Der Gemeinsame Markt oder die Europäische Gemeinschaft ist eine Verschwörung der Monopolisten und Banken zur Sicherung ihrer Profite. Preis- und Investitionspolitik werden dort von den Monopolisten und Banken gegen die Interessen der Arbeiterklasse abgestimmt. Die politische Zusammenarbeit der Europäischen Gemeinschaft ist die der Bourgeoisie, der Geheimdienste und der reaktionären Kräfte gegen die politischen Rechte der Arbeiterklasse in Verteidigung des kapitalistischen Ausbeutungssystems in der Weltkrise.

Die von den Stalinisten geforderte „Europäische Sicherheitskonferenz" dient ebenso der Verteidigung des status quo und damit den bestehenden Herrschaftsverhältnissen, die die Vorherrschaft des Imperialismus sind.

Nieder mit der konterrevolutionären Europäischen Sicherheitskonferenz

Nieder mit der EWG — der Verschwörung der Monopole und Banken

Für die Vereinigten Sozialistischen Staaten von Europa

Arbeiterdemokratie

Ein Prinzip der Arbeiterbewegung ist es, daß die Differenzen innerhalb der Arbeiterklasse auf politischer Ebene ausgetragen werden. Das bedeutet, daß in den Gewerkschaften, in denen die Arbeiter aufgrund ihrer Klassenlage organisiert sind, die politische Meinungsbildung in demokratischer Auseinandersetzung stattfindet und jede Tendenz der Arbeiterbewegung das Recht hat, dort zu existieren.

Der Rauswurf der maoistischen Tendenzen aus der Gewerkschaft ist ein gefährlicher Angriff auf das Prinzip von Arbeiter- und Gewerkschaftsdemokratie und eröffnet der Bourgeoisie die Möglichkeit, gegen die verschiedensten politischen Tendenzen in der Arbeiterbewegung vorzugehen.

Deshalb

Weg mit dem KPD-Beschluß in den Gewerkschaften
Für Arbeiterdemokratie

Außenpolitik

Mit den Arbeiterstaaten werden sofort diplomatische Beziehungen aufgenommen.

Die DDR wird sofort anerkannt.

Die sozialistischen Errungenschaften in der UdSSR und in Osteuropa müssen gegen die Expansionsbestrebungen des Kapitalismus verteidigt werden.

Die Probleme der Wirtschaft der UdSSR und Osteuropas kommen wesentlich aus der langen Isolation, in der die seit Jahrhunderten im Kapitalismus entwickelten Technologien den Arbeiterstaaten nicht zugänglich waren und aus den von der Arbeiterklasse getrennten Interessen der stalinistischen Bürokratie.

Diese Isolation kann nicht durch das Hereinholen von Kapital überwunden werden — wie dies die Stalinisten versuchen — sondern nur durch gegenseitige Unterstützung auf sozialistischer Grundlage.

Die Regierung muß einen Plan für wirtschaftliche Zusammenarbeit mit den Arbeiterstaaten entwickeln, der sich ausschließlich auf die Verteidigung der Interessen der Arbeiterklasse stützt.

Für eine Einheit Deutschlands in den Vereinigten sozialistischen Staaten von Europa

Dieses Ziel wird nur zu erreichen sein durch die Entwicklung der politischen Revolution in der DDR und in Osteuropa zum Sturz der stalinistischen Bürokratie, wozu der Sturz des Kapitalismus in Westeuropa die wichtigste Unterstützung ist.

Der Kampf um Arbeitermacht

Alle diese Maßnahmen können nur von einer Regierung durchgesetzt werden, die sich stützt auf die für dieses Programm mobilisierte Arbeiterklasse.

Die kapitalistische FDP in der Regierungskoalition ist der erklärte Feind jedes Arbeiterprogramms.

Deshalb fordern wir:

Löst die SPD/FDP-Koalition auf!

Für eine SPD-Alleinregierung verpflichtet auf sozialistische Politik!

Die Sozialdemokratie muß sich voll auf die Seite der Arbeiterklasse stellen. Auch die staatliche Zusammenarbeit mit den Kapitalisten in Konzertierter Aktion und in Wirtschaftsausschüssen muß beendet werden. Sie muß die Arbeiterorganisationen gegen die Faschisten und den Polizeiapparat verteidigen.

Die Gewerkschaftsführung muß verpflichtet werden, für dieses sozialistische Programm zu kämpfen und die SPD zwingen, eine Alleinregierung zu bilden.

C. Register

FSC
www.fsc.org
MIX
Papier | Fördert
gute Waldnutzung
FSC® C083411

Kolibri 360 GmbH
Ferdinand-Jühlke-Straße 7
99095 Erfurt, Deutschland
produktsicherheit@kolibri360.de